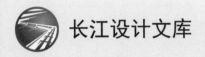

长江设计文库

岩溶地区大坝基础处理关键技术研究

王汉辉　刘加龙　闫福根　等　著

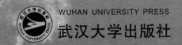

WUHAN UNIVERSITY PRESS
武汉大学出版社

图书在版编目(CIP)数据

岩溶地区大坝基础处理关键技术研究/王汉辉等著.—武汉:武汉大学
出版社,2024.5
ISBN 978-7-307-23825-1

I.岩… II.王… III.岩溶区—堆石坝—工程施工—研究 IV.TV641.4

中国国家版本馆 CIP 数据核字(2023)第 111756 号

责任编辑:王 荣   责任校对:汪欣怡   版式设计:马 佳

出版发行:**武汉大学出版社** (430072 武昌 珞珈山)
(电子邮箱:cbs22@whu.edu.cn 网址:www.wdp.com.cn)
印刷:湖北恒泰印务有限公司
开本:787×1092 1/16 印张:13.5 字数:264 千字 插页:1
版次:2024 年 5 月第 1 版 2024 年 5 月第 1 次印刷
ISBN 978-7-307-23825-1 定价:88.00 元

前　言

本书以长江勘测规划设计研究有限责任公司(以下简称长江设计公司)自主创新研发课题"岩溶地区大坝基础处理关键技术研究"成果为基础,旨在结合长江设计公司多年积累的岩溶处理经验,对坝基岩溶处理原则与方法、帷幕灌浆理论与方法等核心技术进行系统总结和提炼,并对坝基防渗标准体系等关键技术进行探讨,从而建立岩溶地区大坝基础处理技术体系。

本书依托清江中游水布垭水电站,乌江流域的构皮滩水电站、彭水水电站、银盘水电站,黄柏河流域西北口水库,南水北调中线陶岔渠渠首枢纽工程及重庆莲花水库等岩溶地区各类工程,提炼了水利水电工程岩溶风险评估的基本方法和风险分级标准,为岩溶风险定量评价和岩溶分级处理提供可靠的依据;归纳总结了管道型、充填型、裂隙型等不同类型的岩溶处理技术和方法,并实现了岩溶处理技术的集成创新;提出了岩溶地区的防渗帷幕设计标准、设计方法、施工成套技术,研究了不同灌浆材料性能,为解决岩溶地区帷幕灌浆设计提供全链条的解决思路和方法,完善了现有的防渗帷幕设计理论与灌浆施工技术;基于设计防渗标准、渗漏量、渗压、析出物等参数,建立了适用于岩溶地区特点的帷幕质量综合评价模型,并对帷幕耐久性进行了分析研究。上述成果具有广泛的实践基础,可为我国岩溶地区大坝基础处理提供可靠的技术支撑。

本书引用了大量的设计科研成果和文献资料,得到了多家单位和专家的大力支持,在此,向徐年丰教高、于习军教高、李洪斌教高、施华堂教高、樊少鹏高工、肖碧高工等专家学者给予本书的指导和帮助表示衷心的感谢!谨以此书献给所有参与和关心上述岩溶地区大坝基础处理关键技术研究、论证和建设的单位、专家、学者,并向他们表示崇高的敬意与衷心的感谢!

本书由王汉辉、刘加龙、闫福根、邹德兵、闵征辉、郭建华等撰写。其中,第1章由王汉辉撰写,第2章由刘加龙撰写,第3章由邹德兵、郭建华、刘加龙撰写,第4

章由王汉辉、邹德兵、闵征辉撰写，第 5 章由邹德兵、闫福根、郭建华撰写，第 6 章由闫福根撰写，第 7 章由闵征辉撰写。全书由闫福根、郭建华统稿。

由于作者水平有限，错误和不当之处在所难免，敬请同行专家和广大读者赐教指正。

作者

2024 年 4 月 12 日

目　　录

第1章 绪　论

1.1　研究背景

我国是世界上岩溶地貌分布面积最大的国家，约占全国大陆面积的1/10，其主要分布在西南地区[1,2]。西南地区作为我国最大的水电开发基地，高效处理岩溶一直是水利水电工程建设面临的关键问题之一[3-5]，其一定程度上关系到我国水电开发等战略的实施。岩溶这种地质现象，对工程主体的稳定性和水库的整体封闭性都有着重要的影响，轻者引发水库渗漏；更严重的情况，可能导致水库失去蓄水功能，威胁工程安全。

我国自20世纪60年代修建乌江渡水电站[6]以来，在岩溶地区先后建成了一大批水电工程[7]，以洪家渡电站[8]、武都水库[9]、万家寨水库[10]、构皮滩水电站[11,12]等为典型代表，积累了丰富的岩溶地区筑坝技术，尤其是坝基岩溶处理[13-16]及防渗帷幕灌浆技术[17-20]。然而，上述岩溶处理经验和方法，缺少系统、全面的总结，并未形成系统的岩溶处理技术体系[21-25]。

随着我国雅鲁藏布江下游水电工程进一步开发，战略实施，我国岩溶地区建坝将越来越多，工程建设遭遇的岩溶复杂程度将越来越高[26,27]，处理难度将越来越大[28-30]，客观上需要实现高坝大库岩溶处理手段高效化、处理方法和流程标准化[31,32]，以便更好地指导工程实践。本书依托清江中游水布垭水电站，乌江流域构皮滩水电站、彭水水电站、银盘水电站，黄柏河流域西北口水库，南水北调中线陶岔渠首枢纽工程及重庆莲花水库等岩溶地区工程，提炼形成岩溶地区大坝基础处理关键技术，可为我国岩溶地区大坝基础处理提供可靠的技术支撑。

1.2　研究现状

1.2.1　岩溶处理理论

岩溶系统由于规模、形态、与水库的连通性及与水利水电枢纽主体建筑物的空间关系不同，风险程度有所不同，对不同岩溶系统进行风险评估尤为重要。

在风险定性研究方面，黄崇福[33,34]将一般的灾害风险分为四类，分别为真实风险、统计风险、预测风险和察觉风险。在定量研究方面，Maskrey[35]、Smith[36]、Deyle等[37]、Hurst[38]、Tobin 和 Montz[39] 根据研究给出不同的风险表达式。其中，Maskrey[35]认为风险是自然灾害发生后危险度(Hazard)与易损度(Vulnerability)的总和，而 Smith[36]定义风险是概率(Probability)与损失(Loss)的乘积，Deyle 等[37]和 Hurst[38]将危险度(Hazard)与结果(Consequence)的乘积作为风险度，Tobin 和 Montz[39]则把风险定义为概率(Probability)与易损度(Vulnerability)的总和。

对于水利水电工程，岩溶发育的机理[40-42]、形态[43-45]、位置[46]、规模[47,48]、损失[49]、对策[50]等千差万别。岩溶对水利水电工程的影响，早期主要从地质条件方面进行定性判断[51,52]，宏观把握较好，但判定方式较为粗犷。为了确保工程安全，常进行大范围岩溶处理，造成工期延长、资金浪费等问题；当然，也可能存在误判岩溶风险，从而引发工程安全事故。因此，选择合适的岩溶风险理论[53,54]、评估方法[55]及处理技术[56]非常重要。

1.2.2 岩溶地区帷幕灌浆方法

岩溶地区地质条件复杂，常规的灌浆往往不能奏效，采取合适的灌浆方法和措施是岩溶地区帷幕灌浆成功的关键。坝基防渗帷幕的作用包括：①截断坝基渗漏通道[57]，降低基岩渗透水力坡降[58]，防止坝基渗透破坏；②降低坝基扬压力[59]，确保大坝等水工结构稳定安全。对于岩溶地区的帷幕，在保证工程与结构安全的同时，还要考虑岩溶处理、节约投资、易于施工等。因此，在防渗标准[60]、帷幕线路[61]、帷幕深度[62]、帷幕排数[63]、施工工艺[64]、灌浆材料选择[65]等方面，需要设计人员进行充分研究并对岩溶地质条件有清晰的认识，才可能提出合理、可靠的设计方案。

1.2.3 岩溶防渗帷幕质量评价

在帷幕灌浆质量评价时，现行的《水工建筑物水泥灌浆施工技术规范》(SL/T 62—2020)和 DL/T 5148—2021 均规定："帷幕灌浆工程的质量应以检查孔压水试验成果为主，结合对施工记录、施工成果资料和检验测试资料的分析，进行综合评定"。实际中，大多数帷幕灌浆工程是将检查孔压水试验所得的岩体透水率作为帷幕灌浆效果评价的唯一指标，部分工程虽然开展了其他评价检测，但一般仅供参考，并不作为质量评定的依据，主要原因在于不同评价方式之间难以建立相互协调的定量评价方法。其中，马家岩水库大坝[66]、新集水库[67]、糯扎渡水电站大坝[68]、亭子口水电站大坝[69]

等工程均采用了检查孔压水试验对帷幕灌浆进行评价，即通过检查孔压水试验获取的 Lugeon 值，对灌后岩体的渗透性和整体性进行分析。另外，张贵金等[70]考虑了检查孔压水试验和钻孔取芯两个方面因素，对帷幕灌浆耐久性进行了定性分析，赵云等[71]从岩芯采取率、测孔斜、水泥结石统计、压水试验等多指标对帷幕灌浆进行综合性定性评价，郝忠友[72]、Roman 等[73]分析了钻孔取芯和孔内录像成果对帷幕灌浆效果的影响。

上述研究成果更多局限于单因素对帷幕灌浆效果的影响，未能建立考虑多因素评价体系的帷幕灌浆效果定量评价模型。显然，单一依靠压水检查进行评价的方法不能全面、直接地体现灌后岩体的完整性及岩溶处理效果。

针对上述问题，本书以长江设计公司自主创新研发课题"岩溶地区大坝基础处理关键技术"研究成果为基础，依托清江中游的水布垭水电站[2]，乌江流域构皮滩水电站[1,11,12]、彭水水电站、银盘水电站，黄柏河流域西北口水库，南水北调中线陶岔渠首枢纽工程及重庆莲花水库等工程岩溶处理经验，对坝基岩溶处理原则与方法、帷幕灌浆理论与方法等核心技术进行了系统总结和提炼，并对坝基防渗标准体系等关键技术进行深入研究，建立了岩溶地区大坝基础处理技术体系，研究成果将为我国岩溶地区大坝基础处理提供可靠的技术支撑。

1.3 研究内容

本书研究内容主要包括：建立坝基岩溶处理理论、原则与方法，构建岩溶地区防渗帷幕灌浆理论与方法，建立岩溶地区防渗帷幕质量评价体系，典型工程岩溶处理经验等四个方面。

1. 建立坝基岩溶处理理论、原则与方法

（1）提出岩溶风险评估理念：大坝选址尽可能规避岩溶强烈发育地区，以降低岩溶对建筑物安全的影响。若无法避让岩溶地区，则根据岩溶特点及其与建筑物的空间关系，采用合适的数学工具对岩溶的安全风险进行定量评估。

（2）提出岩溶分级处理原则：不同风险等级的岩溶采取不同的处理对策，高风险岩溶必须做清挖置换处理，中等风险的岩溶可以做灌浆或回填处理，低风险岩溶可采取岩溶利用、监测相结合的处理方式。

（3）建立岩溶处理集成技术：岩溶处理方法包括"铺盖、封堵、拦截、围护、疏导、灌浆"等。

①对于充填型岩溶，一般采取追挖与换填处理；

②对于过水型岩溶，一般采取地下水引排与利用综合处理技术；

③对于非充填型溶蚀空腔，一般先回填混凝土、砂浆或碎石，将岩溶空腔转变为裂隙化岩体，再灌浆处理；

④对于入渗通道或渗漏补给区明确的裂隙性岩溶区，可在岩溶入口部位铺盖黏土或混凝土，修建围护调压井，做混凝土封堵等；

⑤对于不便清理的岩溶，可采取高压喷射、复合灌浆、修建防渗墙，风险不高时也可利用充填物自身性状而不处理。

2. 构建岩溶地区防渗帷幕灌浆理论与方法

（1）研究防渗帷幕灌浆理论：基于水布垭、构皮滩、彭水等多个岩溶地区的坝基防渗帷幕灌浆设计经验，对集中渗漏处理反向控制灌浆、定量复合控制灌浆等技术进行系统总结，形成一套完备的水工建筑物控制灌浆理论体系。

（2）提出防渗帷幕设计方法：基于岩溶地区不同类型大坝的防渗帷幕现场灌浆试验成果，对现有的防渗帷幕设计理论进行完善、修订，对不同地质条件、不同坝型、不同坝高的坝基防渗帷幕结构设计参数提出建议，形成系统的设计方法。

（3）提出防渗帷幕施工成套方法：对岩溶地层帷幕灌浆过程中的裂隙冲洗方法、灌浆段长、灌浆压力、灌浆材料、灌浆方式、灌浆质量、施工工效进行分析，重点研究高水头运行、深厚覆盖层、集中渗漏等特殊条件下的帷幕灌浆方法，提出不同条件下的帷幕灌浆施工成套方法。

3. 建立岩溶地区防渗帷幕质量评价体系

（1）提出坝基防渗帷幕质量评价指标：重点分析岩体灌后透水率的控制标准、帷幕设计允许渗漏量与实际渗漏量的比较、帷幕前后渗压研究、幕后岩溶析出物等因素对帷幕质量的影响。

（2）分析防渗帷幕耐久性：研究帷幕在长期运行条件下的耐久性寿命。

（3）建立岩溶地区坝基帷幕质量综合评价体系：根据设计防渗标准和渗漏量、渗压、析出物等参数，确定适合岩溶地区特点的帷幕质量综合评价体系模型。

4. 典型工程岩溶处理经验

（1）水布垭面板堆石坝岩溶处理：通过对水布垭水电站岩溶发育特点、规模、强度的深入研究，以及对岩溶防渗施工经验的不断总结，归纳出一套"变岩溶化岩体为裂隙性岩体"的岩溶防渗设计理念。水布垭面板堆石坝全貌见图 1-1。

图 1-1　水布垭面板堆石坝全貌

（2）西北口面板堆石坝岩溶渗漏处理：西北口水库坝基右岸岩溶地质条件是导致帷幕渗漏的关键，也是坝基渗漏的主要风险源。通过补强帷幕和延长防渗帷幕布置，解决了坝基岩溶渗漏。西北口面板堆石坝全貌见图 1-2。

图 1-2　西北口面板堆石坝全貌

（3）构皮滩拱坝岩溶处理：对于防渗帷幕线上的岩溶，根据施工资料、监测数据及物探成果对帷幕线上的地质情况综合研判，逐一分析不同岩溶的特点及其与水工建筑物的相互关系、岩溶空间分布特征、岩溶充填物类型等因素，采用多种处理方案对帷幕线上的岩溶进行综合处理。构皮滩拱坝全貌见图 1-3。

图 1-3　构皮滩拱坝全貌

（4）彭水碾压混凝土重力坝岩溶处理：岩溶发育高程低，致防渗帷幕底线低，深孔钻灌成幕施工难度大。溶蚀夹层部位的灌浆过程复杂，呈现"低压充填→高压密实→击穿渗漏→低压充填→高压密实"的循环，灌注施工采取合理控制技术，实现多次不间歇循环复灌。彭水碾压混凝土重力坝全貌见图 1-4。

图 1-4　彭水碾压混凝土重力坝全貌

（5）银盘重力坝岩溶处理：银盘水电站坝基因岩溶形成的软弱夹（充）泥层的工程地质问题，对灌浆成幕效果、帷幕的防渗性、耐久性和抗击出性能不利。通过灌浆试验、疲劳压水试验、破坏性压水试验研究，得出夹泥层地质缺陷部位的渗透比例极限压力、破坏水力比降、灌后幕体的耐久性及抗击出安全度等一系列成果。银盘重力坝全貌见图1-5。

图1-5 银盘重力坝全貌

（6）重庆莲花水库岩溶处理：分析各种可能的岩溶渗漏通道和处理方案，提出全库盆防渗、局部帷幕灌浆防渗、挖坑建库规避强岩溶等设计思路，并从施工角度分析岩溶渗漏控制的可靠性、可行性以及工程造价等因素。重庆莲花水库全貌见图1-6。

图1-6 重庆莲花水库全貌

(7) 南水北调中线陶岔渠首枢纽工程岩溶处理：基于闸址区的工程地质和水文地质条件以及建筑物对降低基础扬压力、减少闸基渗漏量、减小基岩渗透坡降及防止沿软弱结构面、断层破碎带产生渗透破坏的要求，确定综合防渗方案。南水北调中线陶岔渠首枢纽工程全貌见图 1-7。

图 1-7　南水北调中线陶岔渠首枢纽工程全貌

1.4　撰写思路及章节安排

通过以上研究背景、国内外研究现状及研究内容，本书主要形成以下 4 方面研究内容：①提炼了水利水电工程岩溶风险评估的基本方法和风险分级标准，实现岩溶风险定量评价和岩溶分级处理；②归纳总结管道型、充填型、裂隙型等不同类型的岩溶处理技术和方法，实现岩溶处理技术的集成创新；③提出岩溶地区的防渗帷幕设计标准、设计方法、施工成套技术，研究不同灌浆材料性能，为解决岩溶地区帷幕灌浆设计提供全链条的解决思路和方法；④基于设计防渗标准、渗漏量、渗压、析出物等参数，建立适合岩溶地区特点的帷幕质量综合评价体系模型，并对帷幕耐久性进行分析研究，对应本书第 2~5 章。上述研究成果成功应用于清江水布垭水电站，乌江流域构皮滩水电站、彭水水电站、银盘水电站，黄柏河流域西北口水库，南水北调中线陶岔渠首枢纽工程及重庆莲花水库等工程，对应本书第 6 章。本书撰写思路及章节安排如图 1-8 所示。

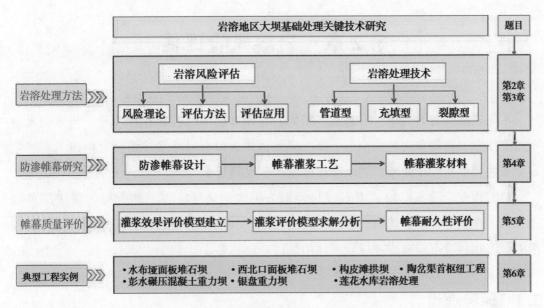

图 1-8 本书撰写思路及章节安排

第2章 岩溶风险评估

不同岩溶系统的规模、形态各不相同,与水库的连通性也存在差异,与水利水电枢纽主体建筑物的空间关系也不一样。因此,并非每个岩溶系统都会对枢纽工程产生安全威胁,即便存在威胁,其风险程度也不尽相同。

对工程安全没有威胁或者有威胁但损失不大的岩溶,可不必进行处理或简单处理;对工程安全有威胁且损失可能较大的岩溶,可根据岩溶风险程度采取不同的处理措施。因此,对不同岩溶进行风险评估显得十分必要。

2.1 风险理论

对于一般的自然灾害风险,黄崇福[33,34]将其分为四类:真实风险、统计风险、预测风险和察觉风险(图2-1)。但是,岩溶风险不同于一般的自然灾害风险,通常很难进行风险的历史统计分析。因此,岩溶风险类型一般以真实风险、预测风险和察觉风险为主。

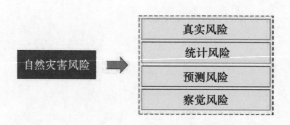

图 2-1 灾害风险分类

岩溶风险的真实性是指岩溶破坏的确定性,类似于地震、洪水、干旱、病虫害等自然灾害的灾后评价,是真实的不利后果事件,完全由环境决定;预测风险是指岩溶破坏失效可能产生不利后果的非确定性,只能进行预测和防治;岩溶的察觉风险是通过经验、观察、比较等来觉察并判断岩溶风险,以工程经验的丰富程度为基础。真实风险决定了岩溶风险的确定性和客观性，预测风险决定了岩溶风险的不确定性，察觉风险决定了岩溶风险预测的主观性。

风险表达的常见形式有以下两种：①假定功能与损失直接结合，表达成经济的形式；②间接表达，把研究对象所包含的不确定影响因素转换成能表明可能失效的概率分布，按随机理论和可靠度风险方法理论分析计算得到可靠度、可靠指标、失事概率等。目前，容易认可的风险表达式是刘希林和莫多闻[40-42]在 2002 年提出的风险表达式：

$$风险度(Risk) = 危险度(Hazard) \times 易损度(Vulnerability) \tag{2-1}$$

本书拟采用上式，对岩溶风险进行分析。

2.1.1　致灾因子风险分析

可能造成灾害的因素称为致灾因子，这里的因素可以是任何一种力量、条件或影响等。岩溶灾害的致灾因子通常是指岩溶水位突变、岩溶充填物突涌、岩溶水突涌、岩溶管道失稳等可能导致岩溶事故的原因，又可称其为灾源。例如：岩溶与水库存在水力联系通道，水库蓄水后可能导致库水进入大坝、厂房等主体建筑物内部或导致渗流场变化，危及建筑物安全；或者库水致使岩溶原有充填物被挤出并涌入地下洞室，影响相关建筑物的正常使用。上述的库水和充填物突涌都是岩溶灾害的致灾因子。

任何致灾因子都需要通过时间、空间、强度 3 个参数才能加以完整刻画。时间是指灾源出现或发生作用的时间，空间是指灾源所处的地理位置，强度是指灾源本身的规模、能量等破坏力度。显然，致灾因子具有不确定性(随机不确定性和模糊不确定性)，随机不确定性尤为明显。

致灾因子风险分析的核心就是，估算一定时间段 t 内，在给定区域 s 内，致灾因子以 h 强度发生的随机条件概率 $P(h \mid t, s)$。概率是一种常用的可能性度量，用于测量随机可能性，适用于岩溶灾害的致灾因子风险分析。

2.1.2　承灾体易损性分析

承灾体的破坏是岩溶灾害的主要表现形式。其评价步骤如图 2-2 所示，主要包括以下 3 项。

(1)风险区确定：即确定致灾因子的影响范围。

(2)风险区特性评价：对风险区内的主要建筑物、设备财产、人员等数量进行统计，分析其风险特性。

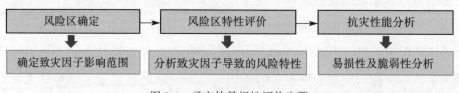

图 2-2　承灾体易损性评价步骤

（3）抗灾性能分析：即对风险区的承灾体的抗灾性能进行分析，也称易损性或脆弱性分析。

承灾体易损性评价的核心是，找出根据致灾因子强度 h 计算破坏程度 D 的破坏模型 $D=f(h)$。由于承灾体的破坏机理并不完全清楚，加之承灾体的关键数据不易得到或不准确、不全面，往往无法进行确定性的易损性分析，而只能通过输入-输出的模糊关系进行不确定性分析。所以，f 完全由承灾体特性决定，其真实的函数关系十分复杂，不一定是解析式，也不一定是单一对应的数学映射关系。

2.1.3　灾情损失评估

灾情损失评估是指评估风险区内一定时段可能发生的一系列不同强度的岩溶灾害给风险区造成的可能后果。具体损失包括经济损失、人员伤亡等。

灾情损失评估的核心是，找出根据破坏程度 D 计算损失程度 L 的损失模型 $L=g(D)$。其中，g 既与承灾体的特性有关，还与选定的损失测度空间密切相关。现实中的函数关系 g 非常复杂，一般要进行大幅度的简化才可能实际操作。

2.1.4　减灾对策

为减轻岩溶灾害的损失或影响程度而采取的对策称为减灾对策。例如：岩溶封堵或排水，建造防渗墙或防渗帷幕，提高承灾体的结构设计强度等。

岩溶减灾对策的风险分析所要回答的主要是，如果采用了某种减灾对策 f，一旦出现预期以外的灾害强度 h，出现额外损失 l 的可能性如何的问题。从概率风险意义上来讲，就是求 $p(l|f, h)$。

根据上述分析，岩溶风险分析的基本流程为：选定承灾体，致灾因子分析，承灾体易损性评价与破坏风险分析，灾情损失及风险评估，风险等级划分，提出减灾对策（图 2-3）。

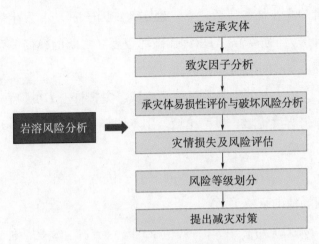

图 2-3　岩溶风险分析步骤

2.2　岩溶风险评估方法

2.2.1　通用方法

在风险研究领域，常用的风险评估方法包括确定性方法、随机方法和模糊风险方法三种，其共同的目标都是找出某种输入到输出的映射关系。

在信息完备条件下，风险评估常用的数学手段是确定性方法和概率统计方法。但是，鉴于风险致灾因子、易损性、灾情损失等往往不确定，岩溶风险评估难以采用确定性方法或概率统计方法进行。

对于水利水电工程，岩溶发育的机理、形态、位置、规模及岩溶灾害的损失、处理对策等千差万别，也不可能完全清楚。因此，要精细地认识到从一个给定的不利事件因素数值到不利事件数值(破坏后果)之间的关系也几乎不可能，即使要认识其中的概率分布也不容易。这种情况下，岩溶风险分析采用基于信息扩散技术的模糊集方法较为适宜。凡是基于模糊集表述方法推断出来的风险结论，均称为"模糊风险"(Fuzzy Risk)。用数学语言表达的模糊风险为：

设 $Y = \{y\}$ 是某灾害的论域，$\pi(y, x)$ 为 y 的概率是 x 的可能性，则 $\Pi = \{\pi(y, x) \mid y \in Y,\ x \in [0, 1]\}$ 称为 Y 的模糊风险。

模糊风险是风险事件发生概率的可能性分布，意指用模糊集方法来描述风险事件发生概率。概率风险是模糊风险的一种特殊情况。

模糊风险分析的主要任务包括三点：确定致灾因子 m 与其发生概率之间 p 的模糊关系；确定灾害打击力（强度） m 与承灾体破坏程度 d 之间的模糊关系；确定承灾体破坏程度 d 与损失程度 l 之间的模糊关系。

假设 M、W、D、L、P 分别是致灾因子论域、灾害打击力（强度）论域、承灾体破坏论域、伤亡与损失程度论域、概率论域。则不同环节的风险可表示为：

（1）致灾因子风险：

$$\Pi_M = \{\pi_M(m, p) \mid m \in M, p \in P\} \tag{2-2}$$

（2）从灾源到场地的衰减关系：

$$w = f_1(m, s) = f_{M \to W}(m, s), m \in M, s \in S \quad (s \text{ 是某种环境}) \tag{2-3}$$

（3）致灾力与承灾体破坏之间的关系：

$$d = f_2(w, \theta) = f_{W \to D}(w, \theta), w \in W, \theta \in \Theta \quad (\theta \text{ 是承灾体参数}) \tag{2-4}$$

（4）破坏程度和损失程度之间的关系：

$$l = f_3(d, \varphi) = f_{D \to L}(d, \varphi), d \in D, \varphi \in \Phi \quad (\varphi \text{ 是工程价值参数}) \tag{2-5}$$

需要强调的是，风险系统分析并不是用系统论的观点研究各灾种的致灾因子，也不是对承灾体的易损性进行分析，更不是研究灾害破坏程度的关系，这些工作都应该由相应领域的专家去研究。例如：由岩溶地质专家提供岩溶致灾因子发生的时间、空间和强度的可能数值，由工程师根据致灾因子的强度提供工程破坏后果的可能性数值，由经济评价专家根据破坏程度推测损失的可能性数值。风险分析系统仅仅是根据上述环节的研究结果进行合成操作。

实际工程中，可按照不同因素对水利水电工程主体建筑物的风险影响程度，根据地质、水工等专业的专家经验，对各因素的影响权重进行量化赋值、确定合理的分级标准，最终通过隶属函数确定岩溶风险程度。显然，岩溶风险分析的重点包括三方面内容：确定隶属函数，确定风险因子及其权重，确定风险分级标准。

2.2.2 隶属函数

从岩溶风险评价方法来看，采用模糊风险评价就是通过隶属函数的数学方法确定岩溶风险级别，重点是确定隶属函数（图 2-4）。

通常的做法是，由经验初选隶属函数，从实践中进行反馈，不断调整隶属函数以达到预定的目标。这种方法吸取了人脑的优点，但缺少理论化的判别原则，带有较大的盲目性。国内外学者虽然在这方面进行了大量工作，提出了诸如示范法、统计法、滤波函数法、二元对比排序法、人工神经网络学习法、遗传算法、选择法等

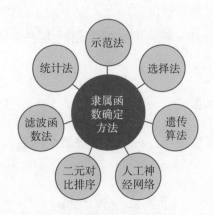

图 2-4　隶属函数确定方法

方法，但仍然没有从根本上解决隶属函数的确定问题。这也是模糊理论和技术发展的瓶颈之一。

现实中，经常通过三种途径确定隶属函数：

（1）根据主观认识或个人经验，给出隶属度的具体数值。

（2）根据问题的性质，选用某些典型函数作为隶属函数。

（3）以调查统计结果得出的经验曲线作为隶属函数。

本书综合了其他行业风险评估的成功经验，结合水利水电工程与岩溶的特点，拟采用以专家经验为基础的模糊风险评估形式，隶属函数以线性关系式简化表达，即

$$f(x_i) = \sum a_i \cdot x_i \tag{2-6}$$

式中，a_i 为因子权重；x_i 为因子赋值；i 为因子数量。

2.2.3　风险因子

风险因子研究包括因子筛选、数量确定、权重赋值等。

岩溶风险来自多种因素。一般来说，岩溶与主体建筑的距离越小，其对主体建筑物的威胁越严重；岩溶与水库的连通性越好、承受的水头越高，发生渗透破坏的概率越大；岩溶规模越大，处理难度越大；不同充填类型的岩溶，其破坏的后果及处理方式也不一样。

为了抓住主要矛盾并便于分级评价，选用的评价因子不宜过多，多控制为 5 个左右。通常可选择的岩溶风险评估的因子包括：岩溶与主体建筑的距离、岩溶与水库的连通性、岩溶可能承受的最大水头、岩溶规模、岩溶充填类型等。

风险因子的权重一般通过多个同类工程进行线性回归统计分析后确定。但是，由

于水利水电工程所处的地形地质条件差异太大，不同工程的个性化特点差异显著，难以获取足够多的典型样本统计分析，因此最实用的方法多采用专家经验法筛选确定，权重取值范围为[0，1]。

2.2.4 岩溶风险分级标准

风险分级一般根据隶属度确定。对于线性隶属度函数，不同岩溶风险值可按照下式确定：

$$X = \sum (\Delta Q \times M_{Qi}) \tag{2-7}$$

式中，Δ 为权重系数；Q 为风险因子；i 为因子数量。

根据风险分级的需要，常可按 2、3、5 级分类法确定隶属度。比如：2 级分类通常可描述为"有、无"风险，3 级分类通常可描述为"大、中、小"风险，5 级分类通常可描述为"大、较大、中、较小、小"风险。每种风险划分的方式根据工程实际需要以及风险因子的可区分度确定，过多或过少不一定能清晰刻画风险的本质，过多可能导致评估难度增加且区分度不明显，过少可能无法满足风险描述的需要。

例如，如果风险因子按[0，1]方式赋值，风险类型按"大、中、小"3 级分类，则风险划分标准可根据风险得分刻画为以下三类：

$X = 0 \sim 0.33$ 时，风险隶属于"小"；

$X = 0.33 \sim 0.67$ 时，风险隶属于"中"；

$X = 0.67 \sim 1.0$ 时，风险隶属于"大"。

当风险因子按其他方式赋值、风险类型按其他方式划分时，风险划分标准可按相应隶属度规则确定。

2.3 岩溶风险评估应用

对于岩溶对水利水电工程的影响，早期主要从地质条件方面进行定性判断，宏观把握较好，但判定方式较为粗犷。为了确保安全，常进行岩溶大范围处理，造成工期延长、资金浪费等问题；当然，也可能导致对岩溶风险的误判，引发工程安全事故。本书以构皮滩水电站为例，介绍岩溶风险定量评估技术的应用情况。

构皮滩水电站的 4 个主要岩溶：坝基 K280 岩溶、左岸高程 640.5m 灌浆平洞 K256 充砂岩溶、左岸高程 500m 灌浆平洞 K245 充泥岩溶、右岸高程 520m 灌浆平洞 K613 充砂岩溶、右岸高程 465m 灌浆平洞 K678 充砂岩溶、地下水丰富且充砂的 W24 岩溶。

结合构皮滩工程特点，确定五个方面作为岩溶风险评估的主要因素：主体建筑的最小距离、岩溶与水库连通性、岩溶可能承受的最大水头、岩溶规模和岩溶充填类型。

按照不同因素对主体建筑物的风险影响程度，根据地质、水工专业的专家经验，对各种因子的影响权重进行量化。研究确定，五种因子的权重分别为：

（1）与主体建筑的最小距离最重要，权重取 0.30；

（2）岩溶与水库的连通性，权重取 0.25；

（3）可能承受的最大水头，权重取 0.20；

（4）岩溶规模，权重取 0.15；

（5）岩溶充填类型虽然会对处理措施带来一定影响，但基本处于可控范围，权重最轻，取 0.10。

每个因子的评分标准见表 2-1。具体评分根据实际情况，由地质、水工等专业的专家根据经验综合确定。

表 2-1　岩溶风险评价因子权重及赋分标准

评价因子 Q	权重系数 Δ	因子评分标准 Q_i	赋分 M
与主体建筑的最小距离 A	0.3	大于 100m，且与主体建筑物无直接联系（$A1$）	0～0.33
		与主体建筑的最小距离介于 50m 和 100m 之间；或者距离超过 100m，但通过某些通道可能与主体建筑物相通（$A2$）	0.33～0.67
		与主体建筑的最小距离不足 50m（$A3$）	0.67～1
岩溶所处的高程 B	0.25	岩溶所处的高程位于正常蓄水位以下 50m 以内（$B1$）	0～0.33
		岩溶所处的高程位于正常蓄水位以下 50～100m（$B2$）	0.33～0.67
		岩溶所处的高程位于正常蓄水位以下 100m 以上（$B3$）	0.67～1
岩溶与水库连通性 C	0.20	岩体渗透（$C1$）	0～0.33
		裂隙连通（$C2$）	0.33～0.67
		岩溶管道连通（$C3$）	0.67～1
岩溶规模 D	0.15	直径小于 50cm 的微小溶蚀裂隙（$D1$）	0～0.33
		直径介于 0.5～2m 的岩溶且体积小于 1000m³（$D2$）	0.33～0.67
		直径超过 2m 或体积超过 1000m³（$D3$）	0.67～1

评价因子 Q	权重系数 Δ	因子评分标准 Q_i		赋分 M
岩溶充填类型 E	0.10	充泥（E1）		0~0.33
		充砂（E2）		0.33~0.67
		过水（E3）		0.67~1

不同岩溶风险评价的综合得分按照下式确定：

$$X = \sum (\Delta Q \times M_{Qi}) \tag{2-8}$$

式中，Δ 为权重系数；Q = A，B，C，D，E；i = 1，2，3。

按照工程实际情况，岩溶风险可分为三类，具体划分标准如下：

X = 0 ~ 0.33，属于一类岩溶，风险小；

X = 0.33 ~ 0.67，属于二类岩溶，风险中等；

X = 0.67 ~ 1.0，属于三类岩溶，风险大。

根据上述风险评价体系，对构皮滩防渗帷幕线上的岩溶进行赋分后，评价结果见表 2-2。从评估结果来看，大部分岩溶对于主体工程安全威胁较小，部分规模大或风险较大的岩溶应进行重点处理。

表 2-2　构皮滩坝基部分岩溶风险评价结果

权重 赋分	岩溶特征（Q_i）及赋分（M）					总体得分 X	风险评价结果
	因子 A	因子 B	因子 C	因子 D	因子 E	$X = \sum (\Delta Q \times M_{Qi})$	
	0.3	0.25	0.2	0.15	0.10		
K245	0.4	0.65	0.1	1.0	0.2	0.46	二类 风险中等
K256	0.35	0.30	0.4	0.8	0.4	0.42	一类 风险较小
K280	1.0	0.90	1.0	1.0	0.25	0.90	三类 风险大
W24	1.0	1.0	0.8	1.0	1.0	0.96	三类 风险大
K613	0.10	0.90	0.20	0.70	0.50	0.45	二类 风险中等
K678	0.10	0.90	0.20	0.45	0.50	0.41	二类 风险中等

2.4　本章小结

（1）根据风险理论，本章提出了水利水电工程岩溶风险评估的基本方法，初步建立了基于专家经验的线性隶属度函数，提出了风险评估因子的确定方法、风险分级标准，为实现岩溶风险定量评价奠定了基础。

（2）岩溶风险评估方法应用于构皮滩水电站工程，实现了岩溶风险评估定量化。根据岩溶风险大小，岩溶风险评估方法为分级处理岩溶提供了依据，可实现岩溶处理的差异化和精细化。

第3章 岩溶处理技术

水利水电工程中，岩溶常按规模、充填物、形成原因等进行分类。从方便岩溶处理的角度考虑，本章按岩溶形态特征，将岩溶分为三类：管道型[45-47]、充填型[48]、裂隙型[49,50]，分别总结不同形态类型岩溶的处理技术[51-53]。

3.1 管道型岩溶处理技术

管道型岩溶容易导致水库渗漏或影响建筑物安全，影响水库功能正常发挥或者引发灾难性事件，是水库建设需要面临的重要问题。有些管道型岩溶在工程建设初期就已经发现，处理起来相对容易；有些是水库蓄水后发生渗漏才暴露出来，在水库蓄水运行条件下进行防渗处理，难度相对较大。

对于管道型岩溶，无外乎三种处理方式：一是截断渗漏通道；二是引排；三是合理利用(图 3-1)。

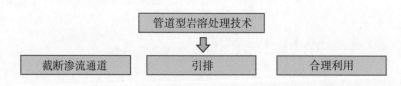

图 3-1 管道型岩溶处理技术

当采用渗漏通道封堵拦截处理时，可根据渗漏通道的发育特点从入口、中部、出口进行封堵；对于渗漏量较大，封堵难度太大时，可根据情况采用埋管引排的方式进行处理，以便将岩溶水合理引排至预定区域，降低岩溶水对管道围岩及邻近建筑的安全威胁；对于来水量稳定的岩溶水，还可加以利用，进行蓄水、供水或发电。本书重点介绍截断渗漏通道措施。

3.1.1　入口封堵技术

对于管道型岩溶入口确定且范围不大（尤其是单一入口）的情况，直接封堵入口是最直接、有效的方式。该方法相当于针对渗漏原因直接采取对策，思路清晰、明确。如果入渗口较多、范围较大且分散，则该方法难以发挥作用。实践中对岩溶管道入口进行处理通常有两种方式：围挡法和封堵法。

围挡法：对于岩溶十分发育的水库，落水洞与暗河可能相互沟通，洞内地下水位变幅较大，任意封堵库底岩溶洞穴反而不恰当。洪水期地下水位上升，可能形成较高的水压力、气压力，易破坏封堵体形成新的洞穴和塌陷；枯水期地下水位下降，被封堵或天然封闭条件较好的洞穴内可能形成负压，也会破坏封堵体或形成新的洞穴或塌陷。实际中，可通过结构措施将间歇泉、落水洞等围住，使之与库水隔开，防止库水外渗。具体措施包括：①在需要排水减压的洞口修建自动启闭闸门，当溶洞内地下水压力或气压大于库水压力时，闸门被顶开，水气溢入库内；反之，闸门关闭，防止库水外漏。②在落水洞洞口修建既可以通风排气，又可以调节水压的调压井（烟囱式或卧管式）。烟囱式要求建筑物隔水性能良好且结构安全；卧管式可以依坡而建，难度相对较小。这种方法仅在个别小型水库中应用过，对于落水洞位置较低的中型和大型水库，实施难度极大，应用范围较小。因此，本书对管道型岩溶入口处理采取围挡法的方式仅作简要介绍，以封堵法为主来研究管道型岩溶入口封堵处理方式。

封堵法：岩溶入口封堵主要是通过对入渗区抛投防渗料来封堵渗漏通道，或修筑临时围堰，抽干积水后查明并封堵渗漏通道后采取封闭措施，从源头上消除渗漏。常用处理措施（不限于）包括：①在入渗区抛投级配料、黏土料形成防渗铺盖；②对入渗口明确且渗漏量大的渗漏通道，采用先抛投石子、级配料，填塞棉纱棉被或灌注黄豆、大米、海带、稻草等有机膨胀性材料填塞渗漏通道，再抛投细颗粒防渗料封堵防渗；③对较浅的入渗区，有条件时也采用修筑临时围堰后在干地进行防渗处理的方法，即先在渗漏区外围修筑临时围堰，抽干积水后，再采用混凝土回填、浇筑混凝土面板、灌浆等措施封堵渗漏通道。

岩溶入渗口封堵法的关键和难点在于：

（1）水电工程中，集中渗漏大多与江水或库水连通，入渗口位于水下甚至是深水区，往往多且分散。由于水深与水下地形复杂，往往需要潜水员或机器人探明水下渗漏口的数量及具体位置，难度极大，效果也较差。

（2）由于压力大、流速高，入渗口封堵一般采用水下抛投各种级配料石料、砂、黏土等进行封堵，抛投方量大。材料运输主要采用搭设施工栈桥或船舶运料，运料成本高。且该法多仅能起到减小渗漏量、减缓流速的作用，难以完全堵死渗漏入渗通道，仍需在渗漏源头至出水口间进行防渗处理，方能最终封堵渗漏通道。因此工程量大，施工环节多，工期长，投资大。

(3)入渗口水深较浅时，采取修筑围堰后再进行防渗处理，因围堰填筑量及自身防渗的要求，该法处理工程量大、成本高。

因此，岩溶管道入口封堵的前提是水下地形、流速、流量等应具备封堵条件，水上抛投施工也应具备条件，否则难以有效。

3.1.2 中间封堵技术

1. 中间封堵技术原理

中间封堵法，顾名思义就是在岩溶管道的中间部位对渗漏通道进行封堵拦截。

有些管道型岩溶入口和出口位置难以确定，但岩溶管道中部位置较易确定，则应针对主管道(多在管道中间某段较为集中发育)从中间部位直接封堵。该方法相当于针对渗漏的咽喉部位采取对策，可有效抓住渗漏的主要原因。一般采用钻孔抛投卵石或级配料、灌注混凝土或砂浆、灌浆等方式形成一道连续防渗帷幕，来实现对渗漏通道的封堵；对于规模较大的岩溶空洞，可直接用高流态混凝土、微膨胀混凝土回填，或向洞内投入干净碎石、砂等，而后灌注水泥砂浆或水泥粉煤灰浆。

1)高压力、大流量岩溶管道封堵

膜袋灌浆是目前高压力、大流量集中渗漏处理常用的防渗堵漏方法，可解决高水头、大流量集中渗漏问题。该法通过钻设较大口径钻孔，一般$\phi \geqslant 130mm$，在钻孔中下入灌浆膜袋，利用膜袋内管进浆对膜袋进行注浆，在膜袋的保护下，可避免浆液被水流冲走并凝结形成柱状防渗体。施工时，一般采取在渗漏通道上选一合适地点，垂直渗漏方向密集钻设一排或多排膜袋灌浆孔来形成一道连续防渗帷幕，封堵渗漏通道。

目前很多工程的集中渗漏处理采用膜袋灌浆法进行防渗封堵处理。如锦屏二级水电站2#引水隧洞、银盘水电站KW89、拔贡水库等岩溶渗漏均采用过该法，处理效果如下：

(1)锦屏二级水电站2#引水隧洞集中渗漏采用膜袋灌浆处理。处理前，渗漏水流量约400L/s，处理7d后，漏水量减少至10L/s。采用膜袋灌浆较好地解决了大埋深、超大流量、超高压条件下的集中渗漏问题。

(2)广西拔贡水库处理坝基岩溶渗漏(渗漏量高达20L/s以上)采用膜袋灌浆技术取得了成功。

2) 低流速岩溶管道封堵

对于流速、流量较大的渗漏，如果采用水泥、砂等细颗粒材料回填封堵，则充填物易被水流冲走，效果较差。

实际中，对于岩溶管道内水流量较大、流速低的渗漏，常采取追挖换填混凝土+碎块石等粗骨料等方式进行封堵，必要时配合灌浆处理。该方式实际应用开始较早，但系统提出该思想的是全国工程勘察大师徐瑞春等人。徐瑞春大师根据他在岩溶地区多年的地质勘察工作经验并结合清江流域 3 个水电梯级开发(隔河岩水电站、高坝洲水电站、水布垭水电站)的工程地质实践，提出了"变岩溶化岩体为裂隙性岩体理论"。

徐瑞春认为，在岩溶地区建坝，岩溶发育部位的岩溶管道和地下洞穴纵横交错，岩体完整性极差，类似于蜂窝状，并且洞穴内充填的堆积物性状较差，即使通过灌浆处理也不能使帷幕形成一个良好的整体。水库运行期间较大的水头差势必对这些薄弱部位进行破坏，从而影响整个帷幕的质量，严重时会导致帷幕失效。如果将防渗帷幕一定范围内的溶洞揭示出来，并将其中的溶洞堆积物清挖干净，回填低标号的微膨胀混凝土，将强透水的岩溶化岩体转变为透水性较低的裂隙性岩体，使原岩的结构性状发生根本改变，再通过灌浆处理，就能达到减少灌浆量、提高帷幕灌浆质量的目的。徐瑞春在提出该理论的初期，有人认为清理溶洞将是十分困难的事，该理论的实用性不强。但根据在隔河岩、高坝洲水电站的工作经验，徐瑞春坚持认为该理论是可行的，最终在水布垭水电站左岸高程 375m 灌浆平洞岩溶处理中进行了成功实践。

3) 小型管道封堵

对于规模较小且非裂隙型的岩溶管道，在流量、流速不大时，也常常采用大米、黄豆、海带等有机材料灌注。该法主要利用大米、黄豆、海带等遇水浸泡后的膨胀性，使上述材料能停留在渗漏通道内，实现对渗漏通道的封堵。如果渗漏水流速较快、流量较大，灌入的大米、黄豆、海带等亦顺水流出，则难以达到预期目的。该方法在有关小型、临时工程的岩溶处理中有记载，实际很少使用。

应用中间封堵法处理管道型岩溶时，常常面临以下问题：

(1)查明渗漏通道的发育走向与位置，便于确定准确的封堵位置是关键。由于管道的分布条件并不明确，使得勘探工作量大、耗时长，且受控于地形、地质条件。

(2)如采用在动水条件下回填+灌浆封堵渗漏通道，细石、混凝土浆液、黏土等常常被高压力、高流速渗漏水冲失，材料浪费严重，处理成本高。如果已经确定岩溶管道的具体封堵位置，常常采用人工清除管道内的泥沙等充填物后再回填混凝土+灌浆处理，处理工期一般较长、施工难度较大。

(3)如采用膜袋灌浆法进行防渗封堵，需密集钻孔，钻、灌工程量大，处理成本高。

（4）实践中，采用中间封堵法处理后，还需进行钻孔灌浆，才能最终形成可靠的防渗帷幕，封堵渗漏通道。因此，该法存在处理工程量大、工期长、投资大等方面的问题。只有在确定管道封堵位置、充填物较少的情况下才较为适宜采用中间封堵法。

2. 中间封堵实例——水布垭高程375m岩溶封堵

水布垭防渗帷幕穿过的地层主要有二叠系下统茅口组（P）、栖霞组（P）、马鞍组，石炭系黄龙群，泥盆系上统写经寺组，志留系纱帽组。

防渗帷幕线在高程375m灌浆平洞揭露1处特大岩溶系统，该岩溶系统位于大坝左坝肩至溢洪道右岸之间，实施部位的地层主要为厚层块状的茅口组灰岩，其地层厚度为70m，另局部为栖霞组的第15段地层。茅口组、栖霞组地层总体属层状透水形式，断层、裂隙、层面、层间剪切带等结构面是控制坝区渗流的主要网络通道，也是地下水沟通库内、库外的主要渗漏通道。

高程375m岩溶系统有F_{12}、F_{13}断层穿越，并均与主洞轴线斜交。F_{12}、F_{13}断层均为高陡倾角状，其中F_{12}断层影响较大，3号溶洞沿F_{12}断层发育，规模较大。坝区岩体透水性不均一，与岩溶的发育程度密切相关。茅口组和栖霞组第15段属强岩溶化地层，两岸地表、地下岩溶十分发育，渗流场以岩溶管道流为主，属于岩溶化地块。高程375m岩溶系统揭示的溶洞共8个，全部为垂直向发育，其中6个与高程350m灌浆平洞揭示的溶洞相通，两个与地表相通。

针对高程375m岩溶工程的实际情况，处理如下：

（1）溶洞清挖、回填的范围。垂直方向，高程为350~400m；水平方向，在主洞轴线上游15m、下游10m之间。施工过程中，严格按要求规定的范围清挖溶洞，并将溶洞堆积物清挖干净，在将回填部位彻底清洗干净后经各方验收合格才允许回填。

（2）溶洞回填采用C15混凝土（三级配），回填时必须振捣充分，确保回填质量。回填的混凝土严格按设计要求配制，运输和通过溜槽输送混凝土时要采取必要的措施防止混凝土离析；在地下水对回填混凝土有影响时，要引排地下水或适当添加少量速凝剂和微膨胀剂，确保回填混凝土的质量。回填混凝土要按要求抽检进行强度等试验。回填时要根据作业面的情况配置适当数量的振捣器进行振捣。如分段回填时，要根据要求待上一期回填混凝土的强度达到一定要求后再进行下一期混凝土的回填。局部回填不到位的部分，可预埋灌浆管，待后期回填水泥砂浆。

在高程375m岩溶系统沿防渗帷幕线部位进行清挖回填混凝土，相当于在岩溶管道的中间部位进行封堵处理。回填混凝土共计约22600m³，相较于完全采用灌浆回填的方法，此方法节省了大量的投资，施工也较方便、快捷。

3.2　充填型岩溶处理技术

充填型岩溶的充填物多为泥沙、黄泥、碎石+砂或者多种物质的混合物，成分或单一或复杂。充填物有的胶结密实，有的松散，还有的呈流塑状，性状差别较大。根据岩溶管道分布位置的不同，有些岩溶充填物需要彻底清除，有些不清除也不会对工程安全或正常运行产生危害。因此，充填型岩溶的处理与否或处理程度需要根据工程安全要求确定，不能一概而论。

3.2.1　充填物挖填置换

发育于水工建筑地基范围的岩溶，其充填物可能影响渗流安全，或导致建筑物不稳定、变形，一般需要对建筑物基础一定范围内的岩溶充填物进行追挖清理并换填混凝土等材料，以确保地基抗滑稳定、沉降变形、防渗等满足工程安全要求。对于重力坝、拱坝等水工建筑物，地基范围内的岩溶一般均需进行追挖换填。

岩溶挖填置换处理时，应在查明岩溶特点、规模、埋深，水文地质条件，充填物的物理力学性质以及对水工建筑物结构的影响基础上，进行专门的挖填置换处理方案设计，挖填置换的平面范围、深度等应根据建筑物地基应力、变形、防渗要求等综合确定。

对水工建筑物结构安全有影响的岩溶，可用下述方法处理：对于规模不大的溶洞且埋深较浅，可在开挖后回填混凝土，并对洞顶及周围加强固结灌浆；对于规模不大但埋深较大的溶洞，可钻孔灌注混凝土、水泥砂浆等；对于规模较大的溶洞，应先填砂砾石或混凝土，后灌浆。同时，岩溶处理中混凝土回填规模较大时，应视结构需要制定合适的混凝土温控和接触灌浆等措施。

对于规模较大的岩溶，其关键在于充填物追挖清理换填施工与主体建筑物施工之间的工序衔接、回填质量控制，尤其是高坝坝基的岩溶挖填置换，对于坝体安全和施工进度影响较大。本书以构皮滩坝基 K280 溶洞追挖换填为例予以说明。

1. 基本情况

构皮滩坝基发育的主要岩溶见表 3-1，坝基溶洞分布见图 3-2，其中 K280 溶槽规模最大，见图 3-3。

表 3-1　构皮滩大坝建基岩体主要溶洞统计结果

溶洞编号	岸别	分布坝块	分布高程（m）	体积（m³）	地质简述
K280	右岸	22～23	510～600	约20000	该溶洞在 545～565m 高程段出露并顺河向贯穿大坝建基面，且 510m 高程以上浅埋于建基面下。溶洞主要发育于 P_1m^{1-1} 层顶部的 F_{b112}、F_{b113} 层间错动及 P_1m^{1-2} 层底部的风化-溶滤带附近，总体顺 NWW 向陡倾角断层发育呈宽缝状，与 P_1m^{1-2} 层底部风化-溶滤带交汇部位呈竖井状，溶洞宽 3～5m，局部宽达 15m。此外，还发育规模较大的分支溶洞（K280-1），顺层发育呈斜井状，高差近 90m。溶洞均为黏土、砂及碎块石等全充填
K64	右岸	24	575	240	发育于 P_1m^{1-3} 层底部，洞口呈圆形，直径约 2.5m，向上游斜向下发育，在上游面附近高程降至 563m 左右。该溶洞顺 NWW 向陡倾角断层发育，以充填粉细砂为主
K5-3	右岸	拱座岩体	600～655	2700	发育于 P_1m^1 层，顺 NWW 向陡倾角断层发育，呈缝状，宽 0.5～1.8m，在 5 号公路隧洞内与 F_{b112} 层间错动交汇部位溶洞呈厅状，宽达 8m。溶洞为黏土、粉细砂等全充填
K1	河床	13	410	500	发育于 P_1m^{1-1} 层，沿 NW 向断层发育，受 F_{b112} 层间错动制约，呈缝状，长约 15m，宽 2.5～3.5m，深度大于 8m，为黏土全充填
K4	河床	17	413	120	发育于 P_1m^{1-1} 层，竖井状，洞口呈圆形，直径 2.7m，深度大于 5m，但规模变小。为黏土全充填
K5	河床	16	410	230	发育于 P_1m^{1-1} 层，竖井状，洞口呈圆形，直径 3.7m，深度大于 6m，但规模变小。为黏土全充填
K6	河床	15	410	210	发育于 P_1m^{1-1} 层，竖井状，洞口呈圆形，直径 2.2m，深度大于 6m。为黏土全充填

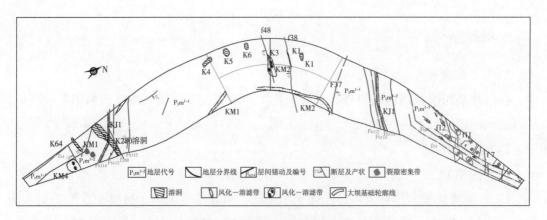

图 3-2　大坝建基面溶洞分布图

图 3-3　构皮滩坝基 K280 溶槽

　　K280 溶槽是坝基范围内出露于建基面并延伸到拱座持力部位的最大岩溶地质缺陷。该溶槽出露于右岸坝肩中上部，自上游向下游横穿整个坝肩，溶槽充填物主要为粉砂质黏土并杂夹块石，溶槽竖直方向影响范围高差达 90m，总体积约 20000m³，其规模及处理难度均居国内外双曲拱坝前列。

　　由于 K280 溶槽规模较大，清挖及混凝土回填处理所需时间较长，同时还要进行固结灌浆、接触灌浆，以及置换洞、勘探平洞、灌浆平洞的明洞段的施工。该部位工作面广、工序多，加上该部位边坡险峻，施工道路布置困难，材料、设备均须经过缆机运输进场，形成交叉施工，相互干扰大。K280 溶槽处理对大坝 21#、22#、23# 坝段的影响大，处理不当将会影响坝肩开挖进度和拱坝混凝土浇筑进度。

2. 处理方案研究

1）基本原则

在对坝基影响范围内溶槽进行彻底清理，回填混凝土并辅以灌浆；采用各种措施，尽可能使溶槽处理不占用大坝施工直线工期。

2）主要措施

（1）溶洞清挖。

K280溶槽规模大，且大部分浅埋于坝基下，对坝基承载力、抗滑和变形稳定、防渗等均有较大影响，需全部挖除并回填混凝土处理。K280溶槽以垂直岩溶形态为主，呈宽缝状、竖井状与斜井状，高差较大。除大坝建基面范围内的主体溶洞可以用大型机械挖除外，其余只能通过追挖处理。由于K280溶槽的垂向分布高差较大，为了减少追挖难度，确保施工安全，根据溶洞构造和分布特征、大坝施工形象和进度要求、现场施工条件等因素综合分析，决定利用拱间槽附近已有的勘探平洞、层间错动处理置换洞对溶洞采取"立体分层、平行追踪"方式进行追挖，具体措施如下：①通过YD8（EL.570m）、YD10（EL.555m）置换洞追挖K280下游侧主体溶洞；②通过YD5（EL.585m）、YD7（EL.570m）、YD9（EL.550m）、YD11（EL.540m）置换洞与D64（EL.545m）探洞分层追挖K280-1斜井状溶洞，置换洞之间布置置换斜井；③通过在517m、526m、538m高程预留廊道，并在507m高程布置施工支洞，对拱肩槽上游侧溶洞进行追挖(图3-4、图3-5)。

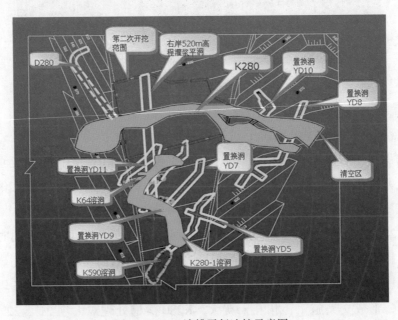

图3-4 K280溶槽平行追挖示意图

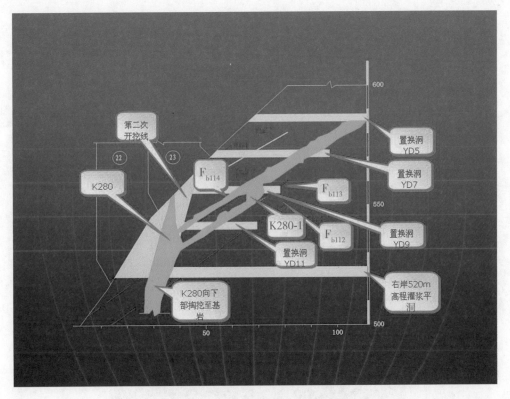

图 3-5　K280 溶槽分层追挖示意图

　　"立体分层、平行追踪"溶洞追挖模式,可有效避免各溶洞追挖相互干扰和影响,便于出渣及后期混凝土回填,大大节省工期。

　　(2)混凝土回填。

　　根据溶洞分布特征和追挖清理情况、大坝施工情况、现场施工条件等因素综合分析,采用"分序、分期"方式进行混凝土置换,具体措施如下:①由于 K280 溶槽发育范围广、规模大,混凝土回填不可能一步到位,根据现场实际施工情况,按清挖过程中对周围边坡稳定影响的危险性大小,以先下游侧、再坝基、后上游侧的顺序进行分序回填(图 3-6)。②对于建基面部分,要按填塘混凝土要求恢复原设计建基面形状,由于 K280 溶槽规模大,分支复杂,清挖时间长,为不影响大坝坝体混凝土的浇筑,K280 溶槽混凝土回填分两期进行,第一期进行高程 517~559m 恢复原设计建基面形状,第二期回填高程 517m 以下需要继续追挖的部分(图 3-7)。

　　(3)基础灌浆。

　　K280 溶槽除进行混凝土回填施工外,还包括回填混凝土部位坝基固结灌浆、回填混凝土与坝基接触灌浆。固结灌浆可在 K280 回填混凝土中平行进行,在混凝土斜坡

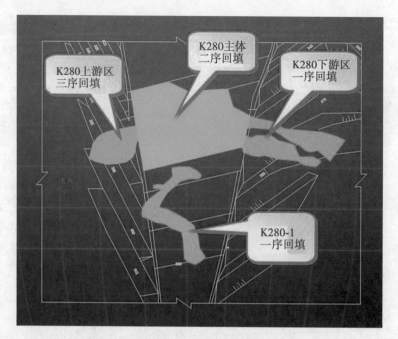

图 3-6　K280 溶槽分序混凝土回填示意图

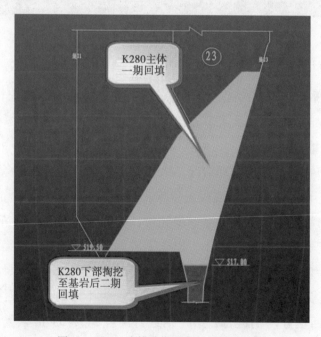

图 3-7　K280 溶槽分期混凝土回填示意图

面上搭设施工排架进行施工。K280 回填混凝土与开挖面之间的接触灌浆，要求在大坝混凝土浇筑到相应设计要求高度后进行。常规的接触灌浆采用先在接触面预埋灌浆系统，接缝开度满足要求后进行接触灌浆。实际工程中，常常出现固结灌浆施工易堵塞预埋接触灌浆管路、打断预埋冷却水管等情况，导致接触灌浆效果不佳、温控措施失效。为解决此问题，参考相关工程经验，在 K280 溶洞处理中固结灌浆采用埋管法有盖重施工，并采取"固结灌浆、接触灌浆同孔，先固结、后接触"的方式进行基础灌浆，即在固结灌浆完成后扫孔引管作为接触灌浆孔，后期进行接触灌浆，克服了常规接触灌浆的缺点，取得了较好效果(图 3-8)。

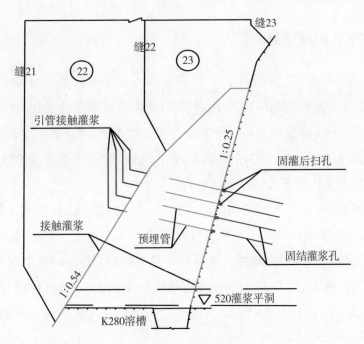

图 3-8　K280 溶槽处理灌浆示意图

K280 溶槽处理施工自 2005 年 2 月起，至 2008 年 10 月全部完成，历时 3 年 9 个月，未占用大坝工程直线工期。

总体而言，坝基 K280 溶槽处理，结合坝肩已有勘探平洞及置换洞采取"立体分层、平行追踪"方式追挖，采取"分层、分序、分期"置换方式，既解决了坝肩特大溶蚀缺陷处理与坝肩开挖、坝体混凝土浇筑及坝基固结灌浆的干扰，又为其本身施工赢得了足够的工期，从而为此溶槽处理工作施工质量满足设计要求创造了有利条件。

3.2.2　充填物改性

如果岩溶充填物为充填密实的黏土，其防渗性能往往较好且能适应较大变形，如果能保证其渗透稳定性和耐久性，是可以加以利用的。为了改善岩溶充填物的物理力学性状，常见的方法是高压灌注水泥、膨润土等固化剂，以提高充填物的强度指标和防渗性能。

充填物改性的优点是可以避免对岩溶充填物的开挖清理，降低施工难度；不足之处在于充填物改性处理不如挖填置换直观，其处理效果只能通过取芯、压水试验等间接判断，一旦某一点处理不到位，也可能影响整个岩溶管道的处理效果。因此，岩溶充填物改性的质量很难控制，经常需要经过多次处理才能满足要求。例如：构皮滩左岸 K245 充泥溶洞采用多次改性处理方才满足设计要求，但确实有效降低了岩溶处理与其他施工项目之间的相互干扰，为整个工程的进度创造了有利条件。

1. 构皮滩左岸 K245 溶洞概况

构皮滩工程左岸 K245 溶洞属于 7# 岩溶系统，主要发育于 P_1q^3 层，主要沿 F_{b54}、F_{b81} 层间错动发育，近地表部位进入 P_1q^4 层。K245 溶洞早期被 500m 高程灌浆平洞揭露。以左岸高程 500m 灌浆平洞防渗帷幕线为界，K245 溶洞总体呈上游低、下游高的斜井状，平均倾角 65° 左右。K245 溶洞与左岸高程 500m 灌浆平洞桩号 K0+234m ～ K0+250m 段相交，总体位于灌浆平洞底板以下。

以左岸高程 500m 灌浆平洞防渗帷幕线为界，钻孔揭露 K245 溶洞上游发育的最低高程低于 460m，在防渗帷幕线上主要发育于高程 470～500m，溶洞上游与库水连通性不清楚，溶洞完全充填致密的黄泥、块石和少量粉细砂（图 3-9）。溶洞下游部分呈斜井状一直延伸至地面高程 650～665m。地表塌陷深度约 30m，洞口近似椭圆形，长轴约 13m，短轴约 9m。高程 625～500m 为黏土、粉细砂及碎块石等全充填，局部空腔。整个溶洞充填物体积超过 $4×10^4m^3$。

K245 溶洞具有以下特点：充填黏土（夹杂少量粉细砂和块石），强度较低，透水率约 $10^{-4}cm/s$，基本满足防渗要求，但黄泥充填物的防渗耐久性较差。从地层分析，该溶洞主体发育于 P_1q^3 层，与库水之间存在厚度约 30m 的 P_1q^4 厚层隔水灰岩。因此，溶洞上游入口与水库管道连通的可能性较小，但也不能完全排除裂隙性沟通的可能性。

对主体工程的影响分析：由于溶洞为黄泥充填物，渗漏量不大，不会对拱座稳定产生不利影响；如果充填物在库水作用下被挤出，可能沿左岸高程 500m 灌浆平洞桩号 K0+234m～K0+250m 段涌出，沿左岸高程 500m 灌浆平洞进入大坝基础廊道或沿 G2 施工支洞至水垫塘，影响大坝和水垫塘正常运行。

因此，左岸高程 500m 灌浆平洞 K245 溶洞虽然规模较大且贯穿防渗帷幕，但整体防渗性能较好，与库水管道连通的可能性不大。根据风险评估结果，该溶洞风险中等。

2. 处理方案研究

从投资及工期角度考虑，若采用开挖换填的处理方式，代价太高。处理方案应从

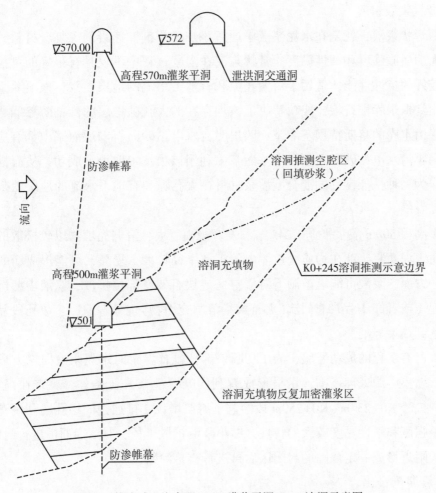

图 3-9　构皮滩左岸高程 500m 灌浆平洞 K245 溶洞示意图

以下两个方面进行考虑：第一，充分利用黄泥充填物自身性状，提高其防渗性和耐久性；第二，提高溶洞处理的可靠性，消除或尽量降低溶洞破坏对主体工程的危害后果。

借鉴其他类似溶洞处理经验，对于防渗帷幕线上的大型充泥溶洞，一般采取追挖置换混凝土的方式进行处理，本溶洞揭露之初也是决定采用此法。但在溶洞追挖过程中支护不及时，大型机械无法进入灌浆平洞且不能采取有效的支护措施，人工清理进度十分缓慢。

K245 溶洞主体位于左岸高程 500m 灌浆平洞底板及下游侧墙上部，如果继续对防渗帷幕两侧的溶洞充填物进行清理，由于溶洞跨度太大且灌浆平洞空间狭小，将无法采取有效的支护措施，溶洞充填物随时会坍塌或涌出，危及施工人员安全，风险极大。根据实际情况并结合 K245 溶洞发育特点，决定放弃追挖置换处理方案，改用灌浆方式进行处理。

1）膏状浆液封闭

所谓膏状浆液，就是在水泥浆液中通过添加增塑剂、速凝剂等复合材料，使浆液具有很大的屈服强度和塑性黏度。膏状浆液在灌浆过程中不仅具有很好的可控性，而且具有较好的抗冲性能，适用于对大孔隙和有地下水流的地层灌浆。该项灌浆技术曾用于贵州红枫水库堆石坝，成功解决了该坝存在的大孔隙地层的帷幕防渗问题，之后在山东尼山水库的喀斯特坝基灌浆、四川明台水电站砂卵石围堰灌浆中都有应用，尤其在云南小湾水电站砂卵石围堰堰基灌浆中利用该项技术取得了成功，从而推动了膏状浆液作为一种性能良好的混合型灌浆材料在大孔隙和有地下水流的地层灌浆处理中的应用和发展。

左岸高程500m灌浆平洞K245溶洞发育规模巨大，溶洞充填物以较松散的黏土为主，普通水泥灌浆浆液在均质松散体内的扩散半径较大，复灌又可能形成新的流动通道。另一方面，浆液可能沿溶洞下游塌空区或块石架空部位扩散，浆液串漏严重，灌浆不能起压或者卸压后浆液回流（夹有大量溶洞充填物）现象普遍，多数孔段复灌多次均不能达到结束标准。

借鉴已有工程的成功经验，为了切断该部位帷幕灌浆时水泥浆液向塌方形成的空腔串漏，缩小溶洞处理范围，尽早形成有利的帷幕灌浆升压条件，决定在高程500m灌浆平洞桩号K0+234m～K0+250m段溶洞下游侧增设2排加强固结孔，利用膏状浆液具有屈服强度和塑性黏度较大的特性，缩小浆液扩散半径，对溶蚀通道进行封闭处理，在帷幕线附近形成一定范围的封闭区后再进行帷幕灌浆。

（1）膏浆配合比。

为了提高浆液的初始黏度和可控性，避免浆液扩散较远，能起到较好的封堵效果，可在水泥浆中掺加一定量的膨润土和增塑剂进行调制。同时为了保证浆液的可灌性、结石强度等要求，在实验过程中调整膨润土和增塑剂掺量，最终选取了3组具备可灌性的配合比，在试验室进行了室内强度试验，7天抗压强度代表值为23.2MPa，满足设计强度要求。膏浆配合比参数见表3-2，流动度指标为100～160mm。

表 3-2　膏浆配合比

配比编号	单位配合比			配合比（水∶灰∶膨）	水固比（不计增塑剂）	膏浆密度	流动度（mm）
	水泥浆 0.55∶1（L）	膨润土（kg）	SHLC 型增塑剂（%）				
1#	100	10	0.2	1∶1.82∶0.16	0.51∶1	1.815	130～160
2#	100	12	0.2	1∶1.82∶0.19	0.5∶1	1.82	130～160
3#	100	16	0.2	1∶1.82∶0.25	0.48∶1	1.83	100～140

（2）灌浆方法。

灌浆采用孔口阻塞法进行孔内纯压灌注，分Ⅰ、Ⅱ序施工，Ⅰ序孔灌浆压力为3MPa，Ⅱ序孔灌浆压力为4MPa。灌浆过程中先用最稀比级的膏浆灌注，再逐级变浓，变浆条件为：每一比级灌注达1000L且压力和流量无明显变化时，膏浆可变浓一级；若压水时无压力、无回水，水固比采用0.48∶1。

（3）灌浆结束标准。

膏浆灌浆采用定量灌注和压力控制2个标准，若灌浆时达到设计压力，且吸浆量小于1L/min时，不必屏浆可直接结束该段灌浆，继续下一段的钻孔灌浆作业；若灌浆结束后出现孔口返浆，均应进行闭浆处理，闭浆时间为4h。若一次灌注无法达到结束，则以每次灌注干料10t为限，多次重复灌注，直至扫孔孔形完整为止。

经过一段时间的持续灌注后，灌注时串浆的情况明显减少，后期施工成孔率明显好转，灌浆时注浆压力明显升高。施工过程中个别Ⅱ序孔已能承受4.5MPa的灌浆压力。

2）水泥浆液反复挤密

由于该溶洞规模大，承受水头高，充填物为黄泥，且采用反复加密灌浆处理大规模充泥岩溶是否有效尚有一定不确定性。虽然膏状浆液能够有效控制扩散半径，有利于提高溶洞充填物的防渗性能，但是膏浆对于溶洞充填物的强度提高并无明显作用。在满足防渗条件下，还须想办法提高黄泥充填物的抗变形能力及其耐久性。为此，决定对防渗帷幕两侧一定范围的溶洞充填物采用水泥浆液反复加密灌浆。具体方案为：

（1）塌空区回填：为确保左岸500m灌浆平洞K0+245m溶洞处理效果，需要对溶洞顶部的空腔灌注砂浆并对溶洞充填物加密灌浆。在泄洪交通洞K0+35.85m～K0+66.11m段对溶洞顶部推测空腔区钻孔进行砂浆灌注回填，砂浆浓度0.5∶1，用3.0MPa压力纯压式灌浆，灌段注入率≤5L/min即可结束。使泄洪交通洞附近的溶洞顶形成封堵堵头。

（2）加密灌浆：对左岸500m灌浆平洞附近上游侧10m至下游侧5m距离范围内的溶洞充填物先进行加密灌浆处理。下部溶洞充填物加密灌浆区域定为桩号K0+234m～K0+254m段范围，孔深均按入岩3m终孔；灌浆压力均为3.0～5.0MPa；采用0.5∶1水泥浆纯压式灌浆，复灌待凝时间12h。

充填物加密灌浆处理范围应按下述原则确定：灌浆范围的充填物所能提供的抗力应不小于上游水压力。因此，需要灌浆处理的溶洞充填物长度 L 应满足下式：

$$(c + \gamma_s \tan\phi)L \geq \zeta k_2 \gamma_w \frac{h + H}{2} \cos\theta \tag{3-1}$$

式中，k_2 为整体稳定安全系数，取 1.5；c 为充填物黏聚力，取 30kPa；ϕ 为充填物内摩擦角，取 17°；γ 为水重度，取 9.8kN/m³；h 和 H 分别为灌浆堵头上游上、下边界承受的全水头，分别为 154m 和 168m。经计算，$L \geq 28.3m$。

（3）灌浆合格标准：溶洞充填物加密灌浆质量检查项目包括常规压水检查、抗压强度、允许渗透比降，上述检查项目要求 100% 合格后方可评定岩溶处理合格（图 3-10）。

图 3-10　溶洞充填物灌浆后的效果

压水检查：检查孔压水段长 5m，压力 2.0MPa，透水率合格标准为 3Lu。实际压水 16 段，透水率全部小于 3Lu。

疲劳压水检查：每 3 个常规压水检查孔中选择一段进行疲劳压水试验，压水压力采用 1.5~2.0 倍水头压力（即 2.0~2.5MPa），持续压水 72h，如果透水率始终小于 3Lu 且受灌体承受的水头压力不变，则加强灌浆处理质量视为合格。

抗压强度：黄泥充填物的强度应不低于上游水头压力，否则容易压缩变形，失去抵抗力。因此，黄泥充填物灌浆处理后的强度 p 应满足下式：

$$p \geq k_1 \gamma_w \zeta \frac{h+H}{2} \tag{3-2}$$

式中，k_1 为强度安全系数，取 1.5；ζ 为实际水头折减系数，取 0.7；其他参数含义及取值如上。经计算，$p \geq 1.5 \times 9.8 \times 0.7 \times 168 = 1729（kPa）$，取 1.7MPa。实际取样 3 组，

平均抗压强度 2.01MPa，满足设计要求。

允许渗透比降：在常规压水检查孔芯样中选择有代表性的溶洞充填物处理芯样进行室内渗透比降试验，设计允许渗透比降 ≥ 12。实际检查 3 组渗透比降均大于 12，平均值为 15.3。

3）提高溶洞处理的可靠性措施

为提高溶洞处理的可靠度，下闸蓄水前对左岸高程 500m 灌浆平洞桩号 K0＋235m～K0＋258m 洞段采用混凝土封堵，同时在该灌浆平洞下游 50m 处修建一条支洞作为后期交通通道及对该溶洞补强灌浆的施工通道。

施工支洞位于溶洞底部，溶洞距离施工支洞的最小距离 10m。施工支洞净断面 3m ×3.5m，衬砌 C20 混凝土厚度 1m。

左岸高程 500m 灌浆平洞桩号 K0＋235m～K0＋258m 洞段采用混凝土封堵后，可以彻底规避溶洞充填物从灌浆平洞涌出的可能性，消除了溶洞对大坝和水垫塘的威胁。溶洞下游的施工支洞，可以作为进入高程 500m 灌浆平洞的交通通道，也可作为对 K245 溶洞补强灌浆的施工通道。

水库蓄水后，未发现渗流、渗压异常现象，溶洞处于稳定安全状态。

3.2.3　管道截渗

如果岩溶充填物为密实的砂石等物质，透水性好，一般不会产生较大变形；如果能阻断其渗漏通道，可充分利用充填介质而不必挖除。

对于砂石等充填型岩溶，可以修筑防渗墙（包括普通混凝土防渗墙、塑性混凝土防渗墙、自凝灰浆防渗墙、钢筋混凝土防渗墙、固化灰浆防渗墙等），从而改善岩溶充填物的防渗性能。

截渗技术的优点是，可避免对岩溶充填物的开挖清理，适用于砂石、碎块石、黄泥等多种复杂性状的岩溶充填条件，容易保证质量。唯一的缺点可能在于需要保证施工场地中有一定的空间，但随着施工机械的改进，目前最小的钻机仅要求有净空高度约 4m 即可满足施工。

1. 构皮滩左岸 K256 溶洞概况

构皮滩左岸高程 640.5m 灌浆平洞 K256 充砂溶洞属于 7# 岩溶系统，发育于左岸高程 640.5m 灌浆平洞 K0＋235m～K0＋290m、高程 630～590m 范围，为粉细砂充填夹杂少量黏土及块石，体积超过 $3×10^4 m^3$。其中，K0＋235m～K0＋256m 段开挖揭露到该溶洞，发育于右侧壁、顶拱及底板，沿 F_{b54} 上盘发育，呈斜井状，形成长约 20m 的溶洞发育区，在开挖过程中发生坍塌冒顶，黏土夹碎块石充填。边墙及顶部冒顶，充填物基本清除，底板掏挖深度为 2～3m。揭露溶洞的主体位于帷幕下游侧，在帷幕线上浅埋于底板以下。K0+256m～K0+290m 段由物探孔、先导孔施工揭露，孔深 15～45m 发育溶洞，主要充填黏土、中粗砂—细砂。溶洞下游出口高于上游，与水库连通性不明。K256 充砂溶洞剖面图如图 3-11 所示。

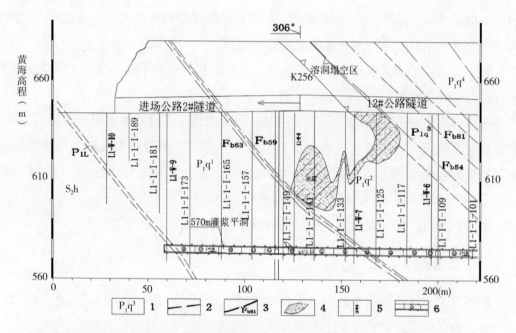

1. 灰色中厚层微晶生物碎屑灰岩，底部夹波状含炭泥质生物碎屑灰岩； 2. 实测、推测地层界线；

3. 层间错动带及编号； 4. 黏土、砂等充填的溶洞； 5. 设计防渗帷幕下限； 6. 灌浆平洞

图 3-11　构皮滩左岸高程 640.5m 灌浆平洞 K256 充砂溶洞剖面图

总体来看，K256 溶洞具有以下特点：

充填特征：充填粉细砂(夹杂少量黏土和块石)，透水性较强，但水泥灌浆吸浆量较小，可灌性不强。

与水库连通性：从地层分析，该溶洞主体发育于 P_1q^3 层，与库水之间存在厚度约 30m 的 P_1q^4 厚层隔水灰岩。因此，溶洞上游入口与水库管道连通的可能性较小，但也不能完全排除裂隙性沟通的可能性。

对主体工程的影响：该溶洞主体与大坝拱座的最小距离约 270m，如果存在渗漏，对拱座稳定影响较小。

左岸高程 640.5m 灌浆平洞 K256 充砂溶洞虽然规模较大且贯穿防渗帷幕，但与库

水管道连通的可能性不大。根据风险评估结果，该溶洞风险较低。因此，处理方案以改善充填物防渗性为主。

2. 处理方案研究

借鉴其他类似溶洞处理经验，对于防渗帷幕线上的大型充砂溶洞，可采用追挖置换混凝土、化学灌浆、高压喷射灌浆、防渗墙等方法进行处理。

本溶洞揭露之初决定采用追挖置换混凝土法，但考虑到砂层流动性强，在施工过程中万一出现坍塌、冒顶等，可能严重威胁施工安全；另外，需要在帷幕下游设置追挖支洞，影响其他工程施工且工期不确定。也曾试图通过风水联合冲洗或浓浆返砂法将溶洞充填物从孔内冲出来，但由于钻孔成孔困难、吸水不吸浆，因而放弃此方法。化学灌浆也因为造价高昂而被放弃。最终，决定采用高压喷射灌浆法对 K256 充砂溶洞进行处理。

1) 高压喷射灌浆截渗墙

由于在帷幕灌浆轴线上进行最大深度为 55m 的流砂层高喷灌浆，这在当时国内类似工程中还没有经验可以借鉴，因此在施工前选择砂层较深地段进行了试验。最终采用的高喷灌浆参数见表 3-3。

高喷灌浆完成后，检查发现完整芯样的强度、密实度均比较好，但高喷墙体芯样获得率较低，芯样不连续，局部还存在原状砂层(图 3-12)，说明高喷(双管)灌浆无法彻底改善该部位砂层的防渗问题，需要研究其他方法对该溶洞进行处理。

表 3-3　高喷灌浆试验施工工艺参数

项　目	参　数
气压	0.7~1.0MPa
气量	≥1.5m³/min
浆压	30~40MPa
浆量	80L/min
浆液密度	1.4~1.5g/cm³
旋转速度	12转/分
提升速度	4~5cm/min
喷嘴直径	2.5mm

图 3-12　砂层高压旋喷芯样

2）塑性混凝土防渗墙

（1）防渗墙控制指标的确定。

在左岸高程 640.5m 灌浆平洞充砂溶洞高喷灌浆效果不佳的情况下，决定对该溶洞改用厚度 1m 的塑性混凝土防渗墙进行处理。塑性混凝土防渗墙既要具备挡水防渗能力，又要能与砂层的变形相协调，在承受水土作用荷载时不会因为应力集中而破坏。因此，该部位的塑性混凝土防渗墙需要具备低强度、低弹性模具、高抗渗的特点要求。

参照三峡工程二期围堰等国内大多数水电工程塑性混凝土防渗墙设计指标的经验，确定本工程塑性防渗墙应同时满足以下质量控制标准：渗透系数 $\leqslant 1 \times 10^{-5}\,\mathrm{cm/s}$，允许渗透比降 $\geqslant 15$，28d 抗压和抗折强度 $\geqslant 1\mathrm{MPa}$，弹性模量应在 $400 \sim 1000\mathrm{MPa}$ 范围之间。

（2）塑性混凝土配合比研究。

塑性混凝土是一种较新型的墙体材料，当时还处于研究阶段，因为这种材料对拌和物的物理性能、掺量等较为敏感。有关计算表明，墙体材料的模量对墙体应力影响很大，降低墙体弹性模量可以减少应力，但其强度也相应降低，从分析计算的角度不能适应压应力作用要求。因此，低强度、低弹性模量的塑性墙一直没有得到发展，国内仅在均质坝坝体防渗墙和施工围堰及低水头闸坝中有所应用。在小浪底、瀑布沟、冶勒、下坂地、察汗乌苏等大型水利工程中曾作过研究，都因强度不过关而采用刚性墙。

一般来说，水泥用量越多，抗压强度越大，弹性模量也越大。水泥用量不仅对塑性混凝土的强度、变形模量、抗渗指标、模强比等指标有较大影响，还直接影响工程造价。因此，混凝土配合比是影响防渗墙物理力学性能指标的关键，也是本溶洞处理的关键。

为降低混凝土的强度和弹性模量，一般需要掺入膨润土，但掺量不能大于 30%；同时可大量掺入粉煤灰和适量引气剂与减水剂。大量的粉煤灰不但起到降低混凝土早期强度和弹性模量的作用，还可降低混凝土成本，在粉煤灰和外加剂同时掺入时还能提高混凝土的抗渗性能。此外，应采取不小于 60% 的砂率，以降低混凝土强度和弹性模量；要使混凝土达到 W6 以上的抗渗等级，水胶比一般不能大于 1。

经分析，配合比试验采取了高标号水泥、加大砂率、一级配碎石骨料、加入膨润土和外加剂等措施，以保证塑性防渗墙低强度、低弹性模量、高抗渗的特点要求。根据左岸 640.5m 灌浆平洞砂层段防渗墙墙体材料性能指标要求及所用原材料的性能，进行了多组配合比试验，最终采用的混凝土配合比见表 3-4。

表 3-4　塑性防渗墙混凝土配合比（重量比）

水	P42.5 普通硅酸盐水泥	膨润土	砂子	石子	外加剂
300	180	120	1045	456	0.3

（3）泥浆护壁。

左岸高程 640.5m 灌浆平洞充砂溶洞规模大，砂层松散，防渗墙施工最大的困难就是确保槽孔不坍塌，槽底不淤积，能成墙。为此，泥浆护壁技术是确保防渗墙成功实施的关键。

本工程护壁泥浆选用膨润土、纯碱为主要原料，采用高速搅拌机搅制，每筒搅拌时间不少于10min。新制泥浆经24h水化溶胀后方能使用。泥浆性能：密度 $1.15\sim1.25g/cm^3$，黏度 $30\sim50s$，失水量<60mL/h，pH值 $7\sim9$。

（4）墙体接头。

防渗墙接头质量是决定防渗墙成败的关键之一，在一定程度上代表成墙的技术水平。

根据同类工程的成功经验并结合本工程施工单位的施工水平情况，左岸高程640.5m灌浆平洞充砂溶洞防渗墙接头最终选定拔管法。

3）溶洞处理效果

防渗墙28d抗压强度：$1.49MPa\geqslant1MPa$。防渗墙混凝土弹性模量为900MPa。防渗墙渗透系数 $i=2.5\times10^{-7}cm/s\leqslant1\times10^{-5}cm/s$。防渗墙允许渗透比降 $J=80\geqslant15$。

水库蓄水后，墙体无变形，墙后渗压值为零。

3.3 裂隙型岩溶防渗技术

裂隙型岩溶的特点主要在于：无明显集中的岩溶主管道，溶蚀裂隙较多且相对分散，裂隙受岩层、断层、溶蚀程度等构造作用影响，一般不会产生集中渗漏或突发性涌水，多表现为面状或带状渗漏[54-56]。因而，难以通过对裂隙型岩溶某一集中的通道进行处理而解决问题，往往需要对某一区域或条带进行系统防渗方可控制岩溶渗漏问题。

对于裂隙型岩溶渗漏，通常采用灌浆防渗、入渗区铺盖防渗两种方式进行处理。对于灌浆防渗技术，本书根据灌浆材料的不同，研究水泥灌浆、化学灌浆、黏土灌浆等关键技术；对于入渗区铺盖防渗技术，将根据铺盖材料的不同，重点研究黏土铺盖、混凝土铺盖、土工膜铺盖等关键技术。

3.3.1 灌浆防渗技术

灌浆帷幕防渗，即借助钻孔向岩溶渗漏通道灌注水泥、黏土、沥青、化学浆液，充填岩体中的岩溶裂隙形成防渗帷幕，以降低岩体透水性，达到防渗目的。岩溶地区的水库防渗，一般布置系统性的防渗帷幕。

灌浆处理岩溶的方法一般适用于溶隙及规模较小、深度较大且不易挖除的溶洞；对于规模较大的溶洞，灌浆法经常作为堵、截方式的辅助防渗手段。根据灌浆材料的不同，可以分为水泥灌浆、化学灌浆、黏土灌浆、复合灌浆等多种处理方式(图 3-13)。

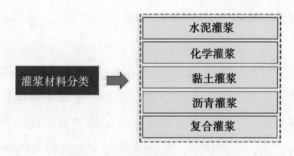

图 3-13　灌浆处理岩溶材料分类

1. 水泥灌浆防渗

水泥具有较好的防渗性能和强度指标，且价格相对较低，故应用最普遍，是首选的防渗材料，几乎每个水利水电工程会采用水泥灌浆防渗。

水泥灌浆防渗施工技术成熟，多用于裂隙性渗漏处理。多采用普通水泥，当地下水有腐蚀性时，也会采用防腐蚀的特种水泥，必要时掺加粉煤灰等材料。对于防渗标准较高的工程，可采用磨细水泥对微裂隙进行高压灌浆，但由于成本较高且大多数改善防渗性能并不明显，应用并不广。

对管道性集中渗漏，由于水泥颗粒细、凝结时间较长、遇水后易稀释等原因，单独采用灌浆处理的效果差，经常通过回填混凝土或粗骨料后再灌浆处理。

2. 黏土灌浆

水泥黏土浆本身具有黏聚性能，应对小流速的裂隙漏水具有一定效果，但与水泥灌浆一样，黏土灌浆处理大流量集中渗漏的效果差。而且，黏土灌浆材料在长期水头作用下容易被水流带走而失效，耐久性差。因此，黏土灌浆多用于小型工程、临时工程或者应急处理工程。江西省九江市城门山铜硫铁矿区及湖南托口水电站岩溶发育部位采用黏土固化浆液灌浆进行防渗取得成功。

3. 化学灌浆

化学灌浆，就是采用水玻璃(硅酸钠)、聚氨酯、环氧树脂等材料自身与水反应形成聚合体来达到充填溶蚀裂隙而堵水的目的。

水玻璃常配合水泥浆材灌浆，具有价格低廉且无污染的特点，凝结时间可以在几秒到几十分钟之间进行调节，在防渗堵漏工程中应用较广泛。例如，重庆市武隆区江口水电站采用水泥-水玻璃复合灌浆处理 K8—K12 岩溶系统取得成功。但水泥-水玻璃浆材凝结后强度低，抗冲性差，水流较大时易被冲走，不适用于大流量、高流速的集中渗漏处理。

聚氨酯和环氧树脂材料的防渗效果相对较好，但价格较高，灌浆工艺复杂，胶凝时间不易控制等，使其大范围应用受到限制。例如：水布垭水电站导流洞堵头顶拱渗漏处理中曾采用聚氨酯灌浆，期望通过先灌注聚氨酯浆材形成一道临时止水幕，再灌注水泥浆材封堵渗漏通道，但灌注了大量的聚氨酯浆材后并未达到期望效果。

4. 沥青灌浆

沥青灌浆即将沥青燃烧加热至液态后，使用加热、保温的专用灌浆设备和灌浆管路将热沥青灌入渗漏通道，利用热沥青遇水快速冷却成块状固体的特性来封堵渗漏通道，达到堵水目的，是堵漏处理的有效方法之一。但热沥青灌浆工艺复杂，灌浆过程中对灌浆管路的温度控制要求高，易发生堵管事故，且沥青灌浆设备多依赖进口，价格昂贵，国内拥有该设备的施工单位很少。银盘水电站三期工程基坑 KW89 岩溶渗漏处理中也曾试用过热沥青灌浆，但设备运达施工现场后，经过一个多星期的调试，灌浆管路的温度控制仍达不到使用要求，最终不得不放弃该方案。

5. 复合灌浆

有些裂隙型岩溶发育情况较为复杂，既有溶蚀裂隙发育，又充填黄泥且不便挖除或清理置换，不仅岩体强度低，还存在渗漏等问题。此种情况下，采用单一的灌浆方式很难提高其强度和防渗性能，往往需要通过水泥+化学材料复合灌浆，才可能达到预定的处理目标。例如：三峡工程坝基 K25 溶蚀带和构皮滩坝基 KM1 溶蚀带均采用了复合灌浆处理，效果良好。

灌浆防渗适用于所有的裂隙型岩溶的防渗处理，几乎每个岩溶地区的水利工程均采用了该技术。

3.3.2 铺盖防渗技术

如果岩溶作用的分异性不明显，而是以溶隙为主或存在非单一岩溶管道，当岩溶上游与库水连通或有稳定补给的水源时，可在坝上游或水库某一部位上游入渗补给区采用透水性较小的黏土、混凝土或土工防渗材料形成人工铺盖，以处理地表附近面积较大的分散性渗漏通道，截断入渗源头。该方法适用于地表岩溶不发育，而以溶隙、小洞穴为主的地段。实践中对库底处理常以黏土做成水平铺盖，要求当地有大量透水性较小的黏土，铺盖厚度取决于坝基地质条件、铺盖土料的透水性及水头，铺盖长度及范围根据隔水层发育范围及现场试验确定。当库区碳酸盐岩上部覆盖残坡积土、冲洪积土时，一般应加以利用。

常见的铺盖防渗措施包括：铺设土工膜、黏土铺盖、现浇钢筋混凝土面板、现浇沥青混凝土面板、喷射聚丙烯或钢纤维混凝土等(图 3-14)。

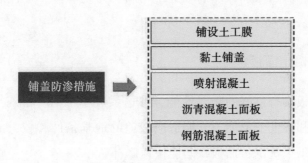

铺盖防渗措施

铺设土工膜
黏土铺盖
喷射混凝土
沥青混凝土面板
钢筋混凝土面板

图 3-14　主要铺盖防渗措施

不同形式的防渗结构的优缺点详述如下。

1. 铺设土工膜

土工膜防渗最早在泰安抽水蓄能电站、云南坝塘水库、山西墙框堡水库等工程成功应用。土工膜防渗的优点为：防渗性能好，渗透系数可低至 $i \times 10^{-11}$cm/s 以下；当防渗结构基础为土基、变形较大的堆石或填渣时，土工膜能较好适应基础变形；单位面积造价低，为混凝土防渗的 $1/3 \sim 1/2.5$，经济性显著；施工设备投入少、施工速度快。

土工膜防渗的缺点为：地形坡度化一般不能陡于 1∶1.5，地形适应性一般；施工过程需要工人认真操作，保证焊接和锚固质量，以防止刺破土工膜结构；需要做排水、排气措施，防止膨胀破坏等。

2. 黏土铺盖

黏土铺盖防渗已经在宝泉、拉丁顿等工程中成功应用。黏土铺盖防渗的优点为：具有一定的适应地基变形能力；就地取材；渗漏量小，黏土经碾压后渗透系数可达 $i \times 10^{-6}$cm/s；造价低廉；施工简便，已有成熟的施工经验和设备。

黏土铺盖防渗的缺点是：仅适合附近黏土储量丰富的工程，适用条件受到一定限制；应对管道型渗漏，容易产生破坏，可靠性低。

3. 喷射混凝土

喷射混凝土防渗已应用于回龙水库等工程，其优点是：喷混凝土可以随坡就势，对基础面平整度要求低；配筋量小，无须设垫层，结构设计简单；简化了开挖和混凝土施工工艺。

喷射混凝土防渗的缺点是：回弹变形控制对混凝土的配合比和施工程序有一定要求；容易开裂，往往需要掺加外加剂和纤维材料；修复麻烦，往往需要凿除老混凝土或做其他修补措施。

4. 现浇沥青混凝土面板

沥青混凝土面板具有良好的防渗性能，渗透系数小于 10^{-8} cm/s，渗漏量小；有较强的适应基础变形和温度变形能力，能适应较差的地基条件和较大的水位变幅；施工速度快，与坝体施工干扰少；面板缺陷能快速修补。

沥青混凝土面板的局限性为：对所用材料要求较高，粗骨料宜采用坚硬、新鲜岩石；对沥青的要求较高；与周边混凝土建筑物的连接处理复杂；施工工序多，生产及工艺复杂；造价相对较高。

5. 现浇钢筋混凝土面板

钢筋混凝土面板能适应较陡边坡，施工技术成熟，抗冲、耐高温及防渗性能好；施工速度快；与沥青混凝土面板防渗相比，投资节省。

钢筋混凝土面板的局限性为：接缝设计复杂；适应温度及地基变形能力差；面板裂缝修补麻烦，这也限制了此防渗型式的广泛运用。

采用铺盖技术进行岩溶防渗的典型工程有彭水坝前岩溶喷射混凝土防渗处理、重庆仙女山水库土工膜防渗、丰都莲花水库全库盆防渗等。本书以彭水坝前岩溶封堵为例进行说明。

重庆彭水水电站右岸坝肩及右岸防渗线上 O_1n^{4+5} 层段浅层及深层岩溶强烈发育，处理难度大。由于深岩溶的复杂性，底层灌浆廊道内帷幕最大钻灌深度 160m，即使钻灌这么深，帷幕的形式还是"悬挂式"，因而超深帷幕体的灌浆施工质量难以保证，库水通过该地层中强烈发育的 KW51 岩溶渗漏通道从帷幕底部绕渗的可能性较大。另外，O_1n^{4+5} 地层的深岩溶通道在坝前水库岸边出露，出露边界距离防渗帷幕体只有 200m 左右，如果不封堵岸边的深岩溶渗漏通道入口，则此段的防渗帷幕体将可能直接承受库水压力,防渗帷幕体的耐久性及长期运行的安全性面临严峻的考验。为了提高大坝防渗工程的可靠性与长期运行的安全性,有效地补充封堵坝前出露的 O_1n^{4+5} 层深岩溶渗漏通道入口十分必要。

具体的封堵思路为:先对右岸坝前库岸岩溶入渗区进行岩溶探测、清理、回填混凝土处理,并采用喷射混凝土封闭,然后对表层岩体进行防渗封堵灌浆处理;通过防渗封堵灌浆将地表岩体变成有一定厚度的相对隔水幕墙,与表面喷射的混凝土联成一体挡水防渗,减少库水渗漏流量,达到将岩溶通道式渗漏转变为裂隙性渗漏的目的。

具体的处理措施详述如下。

(1)地表开挖及岩溶洞穴探测清理。

坝前地表封堵工程开挖及岩溶探测清理基本上参照大坝建基面地质缺陷开挖清理的要求进行,清除覆盖层,对溶洞、落水洞、溶槽、溶缝等进行追索扩挖,清除溶洞、溶隙中的充填物及全风化物至一定深度,清挖深度原则上不小于洞径或缝宽的 3 倍,且不小于 1m。对断层破碎带、泥化夹层等进行抽槽掏挖处理,抽槽宽度应大于破碎带或夹层的宽度,深度为其宽度的 3 倍为宜。

(2)回填混凝土与喷混凝土封闭。

地表开挖及岩溶清理完成后,对地质缺陷部位追索扩挖、抽槽掏挖的部位采用C15 混凝土回填;对马道平面采用现浇混凝土封闭;然后对所有岩体坡面采用喷混凝土封闭。混凝土内均设置防裂钢筋网,钢筋网采用 $\phi12@20cm\times20cm$。现浇混凝土厚度为 20cm;喷混凝土厚度为 12cm。现浇混凝土和喷混凝土铺盖按照 $800cm\times800cm$ 左右设一道结构缝。对大坝与厂房进水口之间的高边坡(高程 254.5~300m)采用挂网喷混凝土封闭,喷混凝土厚度为 12cm。

(3)表层岩体防渗封堵灌浆。

在表面混凝土铺盖已经封闭的基础上,对坝前 O_1n^{4+5} 层范围的岩体坡面及平面区进行防渗封堵灌浆。封堵灌浆孔垂直于岩体面布置,孔排距一般为 $2.5m\times2.5m$,对地质缺陷部位另行加密加强布置。灌浆孔按梅花形布置,钻灌深度为 6m,分两序施工;灌浆压力 0.3~0.5MPa。另外,考虑到喷混凝土铺盖与大坝坝体衔接部位的结构缝易拉裂张开形成入渗通道,因此在该大坝前缘布置 3 排封堵灌浆孔,以控制库水入渗,其布孔形式、孔深及要求等同上。

(4)岸边河床子帷幕灌浆封堵。

河床以下子帷幕垂直防渗的设计标准按 $q<1Lu$,防渗底限按伸入岩体透水率 $q<1Lu$ 以下 5m 控制。子帷幕平面布置在高程 200m 平台的压浆趾板上,帷幕轴线上游端点接至 O_1f^1,下游端点与大坝防渗主帷幕相接。

通过采取坝前库岸封堵措施，排除了 O_1n^{4+5} 深岩溶产生通道式大流量渗漏的可能性，即使存在裂隙性渗漏，其渗漏量也不会大于原防渗帷幕方案。在完成地表封堵的前提下，深岩溶段的防渗帷幕底限从高程 35m 抬至 120m(上抬幅度达 85m)是安全的。

3.4 岩溶规避与利用技术

在枢纽工程总体布置确定的情况下，如果采用岩溶处理不经济、不可靠时，尽可能规避并降低岩溶对工程的影响，也不失为一种对策。

3.4.1 岩溶规避技术

构皮滩左岸高程 500m 灌浆平洞 K245 溶洞，由于溶洞出露于灌浆平洞侧壁，且充填物为黄泥，在采取高压挤密灌浆的改性处理的基础上，为提高溶洞处理的可靠度，下闸蓄水前对左岸高程 500m 灌浆平洞桩号 K0+235m～K0+258m 洞段采用混凝土封堵，同时在该灌浆平洞下游 50m 处修建一条旁通洞作为后期交通通道及对该溶洞补强灌浆的施工通道，以彻底避让该溶洞。旁通洞位于溶洞下游 50m 左右，净断面 3m×3.5m，衬砌 C20 混凝土厚度为 1m。

左岸高程 500m 灌浆平洞桩号 K0+235m～K0+258m 洞段采用混凝土封堵后，可以彻底规避溶洞充填物从灌浆平洞涌出的可能性，消除了溶洞对大坝和水垫塘的威胁。溶洞下游的施工支洞，可以作为进入高程 500m 灌浆平洞的交通通道，也可作为对 K245 溶洞补强灌浆的施工通道。

构皮滩右岸高程 520m 灌浆平洞 K613 溶洞也采取了同样的避让处理方式。

通过上述避让方式处理的两处溶洞，均运行正常。

3.4.2 避开岩溶地层修建水库

重庆市莲花水库在初步设计阶段，曾研究了避开强岩溶地层建库的方案(不改变坝址)。具体思路如下。

为了避开 P_2c 强岩溶地层、降低莲花水库防渗处理难度及范围，对 T_1f^2 和 T_1f^1 地层进行挖坑建库，即以 P_2c 地层和 T_1f^1 地层分界高程控制水库大坝顶高程，开挖一个开口面积约 $2.5×10^4m^2$、坑底高程 1000m 的近长方形水坑作为水库蓄水。

按该方案，库盆不会进入 P_2c 强岩溶地层，而且将全部挖除 T_1f^1 地层浅表层岩体，对坑底铺设土工膜，库周挂网喷混凝土防渗。

挖坑建库避开了强岩溶发育地层和 T_1f^1 浅表层渗漏通道，施工质量相对受控，渗漏风险较小；有效降低挡水大坝高度，混凝土用量较少。由此可见，技术上完全可行。

3.4.3　盲谷堵洞建库

通过采用"暗河堵洞+灌浆防渗"相结合的技术，云南省利用岩溶地区地下暗河先后建成了 5 座盲谷水库：富宁县清华洞水库、蒙自市五里冲水库、文山市白石岩水库、丘北县六郎洞水电站和昆明市石林水库。

其中，蒙自市五里冲水库是我国在岩溶地区成功修建的第一座水深超百米的盲谷无大坝中型水库，总库容 $8 \times 10^7 \mathrm{m}^3$。我国西南地区岩溶盲谷甚多，五里冲水库的成功建成为我国西南地区开发水利、研究岩溶地区的防渗处理提供了宝贵的经验。

3.5　本章小结

（1）对于管道型岩溶，可根据情况在管道的不同部位（进口、出口、中部）进行封堵，防止发生集中渗漏。对于有水的岩溶管道，可综合引排以降低其对邻近建筑物的安全影响，或利用其供水发电等。

（2）对于充填型岩溶，可根据充填物性状采取挖填置换、充填物改性灌浆或截渗等处理措施；尤其对于风险较低且与水库连通性差的充填型岩溶，甚至可以不必处理。

（3）对于裂隙型岩溶，可通过灌浆或表面铺盖（混凝土、黏土、土工膜等）措施进行防渗处理。

（4）水利水电工程的主要建筑物应尽可能避开规模较大且不便处理的岩溶，不便规避时应综合考虑防渗方案或加以利用。

第4章 岩溶地区防渗帷幕

帷幕灌浆是岩溶地区大坝基础处理最常用的工程措施，与非岩溶地区大坝基础帷幕灌浆相比，岩溶地区帷幕灌浆更复杂。因此，在防渗标准、帷幕线路、帷幕深度、帷幕排数、施工工艺、灌浆材料选择等方面，需要设计人员进行充分研究并对岩溶地质条件有清晰的认识，才可能提出合理可靠的设计方案。

4.1 防渗帷幕设计

4.1.1 防渗标准

4.1.1.1 防渗控制指标

坝基防渗帷幕的作用有两点：控制坝基渗漏量，防止坝基岩体发生渗透破坏。前者通过透水率指标进行衡量，后者则通过渗透比降控制。

不难理解，帷幕防渗标准越高，其允许的渗透比降越大。孙钊[74]等认为：防渗标准不超过1Lu的帷幕，其允许的渗透比降值可为20；防渗标准1~3Lu的帷幕，其允许的渗透比降值为15；防渗标准3~5Lu的帷幕，其允许的渗透比降值为10。

目前，关于帷幕透水率和渗透比降之间的关系并没有严格的定量关系。小湾、溪洛渡等工程对防渗标准1Lu的帷幕的允许渗透比降采用值均为30，似乎也无不妥。

现行大坝设计规范仅对帷幕透水率提出了明确的控制标准，对渗透比降并没有给出明确要求。

4.1.1.2 防渗标准选择

如何确定帷幕防渗标准？我国的水工建筑物设计规范一般是根据坝型、坝高等综合考虑，比如：混凝土拱坝设计规范要求坝高在100m以上时，帷幕防渗标准为 $q = 1~3Lu$。

这种标准给设计者留下了很大的决定权：①防渗标准到底是采用 1Lu、2Lu，还是 3Lu？②不同部位的帷幕承受水头作用存在差异，重要性也不同，是否在同一工程的不同部位均采用相同的防渗标准？③相同的水工建筑物在地质条件不同的情况下，是否也采用相同的防渗标准？关于这些问题，现有的设计规范均未给出任何说明和建议。

实际很多工程中，尤其是高度超过 200m 的高坝大多根据帷幕所处的部位对防渗标准进行了区别，所采用的原则及方法却不尽相同。有些工程以帷幕挡水水头的大小设置不同的防渗标准，有些工程则根据帷幕距离坝基的远近设置不同的防渗标准。随着高坝大库的不断出现，防渗工程的规模越来越大，帷幕设计的精细化要求也越来越高，需要综合考虑坝型、坝高、地质条件等因素。

虽然很多工程采用了差异化的防渗标准，但从概念上分析却存在不合理的现象。本书认为：对于拱坝，以距离坝基远近对防渗标准进行分区更合理；对于重力坝和土石坝，以挡水水头的大小对防渗标准进行分区更合理。因为在拱坝设计中更关心坝基一定范围内的岩体抗渗性能，而重力坝坝基扬压力、土石坝坝基渗透比降则与挡水水头关系更密切。

现行规范对岩溶地区坝基防渗帷幕的设计标准并没有作特殊规定。实际工程中，为了防止发生溶蚀破坏，往往提出一些高于规范要求的设计标准。如水布垭面板坝，最大坝高 233m，规范要求的防渗设计标准可为 3~5Lu，但考虑到岩溶发育且趾板帷幕后期不具备检修条件等情况，设计方案实际确定大坝趾板防渗标准为 1Lu，两岸山体近坝段防渗标准为 3Lu，仅远岸段和地下厂房沿江侧的防渗帷幕防渗标准为 5Lu。

以往水利水电工程中，防渗标准一般从严控制，以确保坝基渗流稳定安全。但是，如果防渗工程标准过高，也可能导致大坝下游地下水严重减少，影响下游生态。在强调绿色、环保、可持续发展的背景下，在不影响工程安全的情况下，现在倾向于采用较低的防渗标准，这对于很多生态脆弱、干旱缺水的地区(如岩溶石漠化地区)具有一定的水生态积极意义。

4.1.2 帷幕结构研究

4.1.2.1 帷幕线路布置

为了确保水库形成封闭库盆、减少库水渗漏量，防渗帷幕需要与天然的防渗岩体或地下水衔接。

从平面上看，防渗帷幕线路应按以下原则之一确定：帷幕端点与坝基两岸隔水岩体或相对不透水岩体衔接；正常蓄水位对应的帷幕端点与蓄水前原始枯水期稳定地下水位线衔接；当隔水岩层远且地下水位低时，在满足防渗要求的条件下，帷幕端点也可与两岸弱透水岩体衔接。帷幕线路布置有以下 5 种方式(图 4-1)。

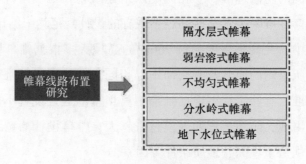

图 4-1　帷幕线路布置研究

(1)隔水层式帷幕：帷幕向两岸或一岸延伸的长度达到隔水层部位，即帷幕端点与隔水层搭接，如乌江渡电站。当幕体与河床下部隔水层搭接时，则可在三向空间上构成全封闭帷幕，在保证施工质量的情况下，这种防渗帷效果最好。但实际上这种自然的客观条件是难以找到的。

(2)弱岩溶式帷幕：帷幕向两岸(或一岸)延伸的端点达到透水性小的岩层，如搭接到白云岩、泥质白云岩、白云质灰岩、泥灰岩等岩层上。此类帷幕亦可达到应有的防渗效果，如习水东风水库、猫跳河三级电站等工程即属此种类型。

(3)不均匀式帷幕：由于岩溶发育的不均匀性特点，故其透水性在不同部位、地段有明显的差异，因此可采用间隔式的有针对性的灌浆方法：即在强岩溶透水性地段进行灌浆，孔距可加密；而在岩溶不发育的部位(即使是较纯的可溶岩)，则可少灌，甚至不灌，这样可大量节约灌浆工程量，同样起到应有的防渗效果。如穿阡水库的 T_1m 灰岩坝基，原设计灌浆总进尺 3933m，由于采用了间隔"跳跃式"的灌浆法，只在透水性大的部位灌浆，实际总进尺仅为 986.16m，也达到良好的防渗效果，水库运行以来，坝基仍然未漏水。该大坝于 1999 年发现水泥灌浆结石老化，采取补强灌浆处理后效果良好。

(4)分水岭式帷幕：与主河道组成横向分支的地下水系网络(暗河系流)，分布在建坝主河道的一岸或两岸，并在坝址上、下游同时存在两个或两个以上地下管道(暗河系流)，两系流之间组成地下分水岭，分水岭两侧地下水系未互相沟通，分水岭地块内透水性较弱。故防渗帷幕可由河床向岸坡，循地下水分水岭、岭脊部位延伸，构成防渗屏障。如鸭池河东风电站右岸的帷幕就是分水岭式帷幕，该帷幕系在鸭池河右岸横向分布的凉风洞与无名洞两地下水系中间的分水岭地段设置。对于这种帷幕布置方式，也有专家认为：如果分水岭的地下水位高于库水位，设置帷幕的意义并不大。

（5）地下水位式帷幕：就是帷幕从河床向两岸（或一岸）延伸的帷幕端点，搭接到地下水水位，端点处的地下水位与水库正常高水位相一致，帷幕深入地下水水位以下 5~10m。但是往往由于岸坡、谷坡的地下水水位坡降较缓，相当于正常高水位高程的稳定地下水水位常常较远，帷幕工程量大，一般中小型工程多不采用此种方案。

对于岩溶地区的防渗帷幕，确定帷幕端点后，具体的线路应结合建筑物布置特点，尽量避开强岩溶地层、溶洞等；当帷幕与地下洞室相交时，应尽可能垂直或大角度相交布置，以降低帷幕施工与地下洞室之间的相互干扰。当轴线附近有平行布置的地下洞室时，应尽可能综合考虑，以规避洞室对帷幕可能存在的不利影响。

4.1.2.2　帷幕深度研究

坝基防渗帷幕深度一般通过以下三种方式之一确定（图4-2）：

（1）接地式帷幕：帷幕底线伸入相应设计标准的透水率底线或岩溶发育底线以下不少于 5m，在地质缺陷部位适当加深。

（2）悬挂式帷幕：帷幕深度不小于最大坝高的 1/3。

（3）混合式帷幕：部分接地，部分悬挂。

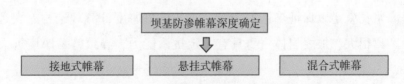

图 4-2　坝基防渗帷幕深度确定

对于岩溶地区的大坝，坝基岩溶发育底线一般应在勘察阶段查明，为了防止坝基渗漏而影响水库蓄水，基本都采用接地式帷幕。如果岩溶底线确实很深且深部岩溶发育程度较低，通过渗流计算分析认为悬挂式帷幕不影响大坝安全与水库蓄水时，对重要性相对较低的工程也可采用悬挂式帷幕，同时配合在大坝上游设置水平铺盖等封堵岩溶入渗通道并延长渗径。对于岩溶地层与非岩溶地层均有出露的坝基，可视情况采用混合式帷幕。

对于坝基上部为非岩溶地层、深部为岩溶地层的水平地层，应根据工程地质条件分析非岩溶地层的可靠性，根据水文地质条件分析库水和深部岩溶水是否存在连通的可能性。如果非岩溶地层的隔水性能较好且库水与岩溶系统连通的可能性小，可尽量利用上部非岩溶地层作为帷幕底线而不揭穿深部岩溶地层。

4.1.2.3　帷幕排数研究

帷幕设计过程中最重要的一点就是确定帷幕灌浆孔的排数。常见的设计标准是："对于防渗标准为1Lu的部位，采用2~3排帷幕；对于防渗标准为3Lu的部位，采用1排帷幕。"实际当中，按这种设计进行施工的工程也未见不妥。事实上，帷幕排数与防渗标准并没有绝对联系，在防渗标准高的部位采用多排帷幕，只是提高了帷幕运行的可靠性或安全余度而已。

为了保证不同水头和地质条件下的帷幕不发生渗透破坏，苏联及我国部分学者提出了帷幕厚度的概念并给出了理论公式和经验公式[75-77]，从而根据帷幕厚度确定灌浆孔的排数和排距。但是，帷幕厚度的概念仅适用于理想均质地层条件，对于砂砾石坝基、裂隙均匀的岩石坝基具有一定参考价值，而对于裂隙不均匀且各向异性的岩石坝基的帷幕设计并不合适。

实际中，裂隙岩体中帷幕厚度(实际是浆液扩散距离)主要取决于裂隙的可灌性，单排灌浆孔足以保证帷幕厚度；如裂隙宽度大，可采用多排孔灌浆。现举两个实例说明。

实例一：某大坝最大挡水水头为210m，灰岩坝基，防渗帷幕的允许渗透比降不超过30。如果按理论公式，帷幕厚度至少需要7m。实际上，采用2排灌浆孔、排距1m左右的帷幕灌浆孔就足以保证渗透安全了，这与帷幕厚度计算理论相差太远。原因在于浆液扩散距离很大，加之岩体自身具有一定抗渗能力，导致帷幕厚度远大于理论分析值。

实例二：某工程左岸高程240m、200m灌浆平洞帷幕灌浆成果统计表明，高程200m平洞Ⅲ序孔灌浆时，平均透水率由Ⅰ序孔7.96Lu减小为0.4Lu；高程240m平洞Ⅲ序孔灌浆时，平均透水率由Ⅰ序孔13.82Lu减小为1.91Lu；单排帷幕可以达到设计防渗要求。原因就在于高压灌浆作用下的浆液扩散范围大，所形成的防渗帷幕厚度完全可以满足工程防渗要求。因此，对一般的裂隙性岩体而言，采用单排帷幕是可行的。有些性状差的断裂发育带、岩溶发育区虽然采用多排帷幕，但这并非担心幕体厚度不够，而是为了通过采取上下游排封堵、中间排高压密实的方法来提高幕体的密实性和防渗性能。

以上实例充分说明，对岩石坝基而言，强调帷幕厚度的概念是不严谨的，目前尚没有一套理论能指导岩石坝基帷幕厚度设计。如果一定要反映帷幕厚度的设计理念，也只能是定性的，即可以按不同的挡水水头以及渗径长短采用不同排数的防渗帷幕，以反映渗透比降与帷幕厚度的内在联系。例如："对于挡水水头大于200m的近坝部位采用 3 排帷幕，对于挡水水头大于 100m 的近坝部位采用 2 排帷幕，其他部位采用 1 排帷幕"就是比较合理的提法之一，实际反映了渗透比降对帷幕厚度的要求。

4.1.3　渗流计算

水库蓄水后，库水和山体来水将对坝基及地下洞室围岩稳定性产生一定的影响，也将影响枢纽工程的安全运行。为此，通常需要设置必要的防渗和排水措施，以截断渗漏通道、降低建筑物基础地下水位。为了指导渗控工程设计，需要进行必要的渗流状态及渗控效果分析，对岩溶地区的高拱坝、土石坝、地下厂房等建筑物进行渗流分析显得尤为重要。水布垭、构皮滩、乌东德等工程均开展了坝基渗流计算工作，对渗控设计起到一定的指导作用。

以拱坝为例，拱坝和坝基的渗流特性和渗流控制方案的研究与设计是每一座拱坝设计时重点考虑的工程问题之一。坝肩岩体中的渗透荷载与岩体自重属同一数量级，有时会直接导致坝肩失稳。要了解坝基各部位的扬压力和渗透力大小、岩体的抗渗透变形能力、防渗排水措施及渗控效果、岩体湿润软化特性、岩体中渗流场和应力场的相互作用特性等都需要进行渗流场计算。

拱坝往往修建在相对较好的岩基上，岩体的渗透性较小，在渗流控制方案中对渗流场水头分布起主导作用的往往是排水设施的排水降压措施。构皮滩拱坝左岸坝肩岩体中设置了较长的防渗帷幕和排水孔幕，右岸地下厂房区在厂区上游和山体侧布置了防渗帷幕和排水孔幕，坝后水垫塘区两岸抗力体中设置了顺河向沿河谷的斜向排水孔幕。在"前堵、后排"的渗流控制系统作用下，拱坝坝肩两岸的可能渗流溢出面往往较低，以及岩体内部边界面中位于渗流自由面以上的渗流虚域往往较大，这会影响渗流场迭代求解的收敛速度。

由于地表裂隙岩体往往被成组的裂隙结构面切割，结构面间距一般远小于工程特征尺寸，岩体渗流模型在总体上分为裂隙网络模型、水力等效多孔介质连续体模型和两者混合的双重介质模型。裂隙网络模型和双重介质模型建立在裂隙、断层统计资料及其渗透作用机理和参数比较清楚的基础上，对模型求解技术提出很高要求，目前这两种模型已逐渐开始在工程实际中应用。但由于岩体中裂隙结构面的成因、数量、产状和渗流影响因素过于复杂，对于一个具体工程，难以获得可靠的所有裂隙结构面上的水文地质资料，而使计算分析变得十分困难。而水力等效多孔介质连续体模型是将岩体渗流场概化成多孔介质，同时将岩体裂隙渗流的影响通过各向异性的渗透张量来考虑，这种考虑很好地与现有水文地质勘探资料相结合。水力等效多孔介质连续体模型的渗流理论成熟，简单计算技术也已经相当成熟，在绝大多数情况下能满足工程精度的要求。因此，多采用水力等效多孔介质连续体模型进行坝基的三维渗流场求解。

渗流计算方法本身较为成熟，计算成果的精度主要取决于计算模型与地质条件的吻合程度以及计算参数概化的合理性。因此，要建立合理的计算模型，往往需要计算人员与地质、设计人员进行充分沟通和交流。

4.1.4 辅助工程

1. 多层平洞间距

对深帷幕而言，通用的施工方法就是采用多层平洞搭接方式成幕。由于设置一条灌浆平洞需要进行包括开挖、钢筋混凝土支护、回填灌浆、固结灌浆和衔接帷幕灌装等项目的施工，有的还需开挖专门的施工支洞，工程造价十分昂贵，且施工工期长。因此，合理地选择灌浆平洞间距以减少灌浆平洞的数量就显得十分有意义。鉴于此，可以从国内现有钻探技术水平以及灌浆帷幕所穿越地层的工程地质条件等方面进行探讨。

控制灌浆平洞间距的最主要因素是钻机的钻进能力，国内在灌浆平洞设计上较普遍采用的是 40~60m 的均匀布置，这在很大程度上是沿袭 20 世纪 80 年代左右以碾砂钻、合金钻等占主导地位时所采用的灌浆平洞间距。在当时，由于钻机的钻进能力有限，灌浆平洞间距采用 40~60m 是合理的。但随着钻探技术的发展，取而代之的金刚石钻头在钻进深度、速度和偏斜率控制方面已远远超越传统的碾砂钻、合金钻等。目前，即使是 100 型轻型钻机，其正常的钻进能力也可很容易达到 80m 左右，而 300 型钻机的正常钻进能力则达到 100m 以上，且孔斜偏差也完全可以控制在规范规定的允许值范围内，甚至更小。因此，从钻探技术现有水平上看，灌浆平洞间距可以大幅增大。当然，灌浆平洞加大后会加大钻灌过程中出现的施工事故的处理难度，但毕竟这是极少数的现象。且三峡工程泄洪坝段风化深槽段帷幕孔深曾达到 120m 以上，水布垭水电站底层灌浆平洞帷幕孔深有相当一部分也达到 110m 以上。均未出现因钻孔孔深的增大而使帷幕灌浆施工发生异常的情况。因此，在裂隙性地层或弱岩溶化地层，灌浆平洞间距完全可以加大至 70~80m，甚至更大。但在强岩溶地层，灌浆平洞除具有供帷幕灌浆施工之外，尚有岩溶清理、追踪和回填。为保证岩溶封堵回填质量，灌浆平洞间距应适当减小，以 30~40m 为宜。

2. 灌浆平洞断面研究

以往为了节省土建工程量，灌浆平洞一般设计得较小，断面尺寸多以不超过 2.5m

×3m 的城门洞型为主。

随着施工技术进步，越来越多的工程更强调采用机械化施工以及施工进度优先。为了便于灌浆施工，洞室开挖出渣、通风并优化施工作业条件等，更多的工程趋向于实施大断面的灌浆平洞。乌东德水电站等工程多采用断面尺寸不小于 3m×3.5m 的城门洞型灌浆平洞，有效地加快了施工进度，改善了施工条件。

有条件的部位，灌浆平洞常与断面更大的交通洞或其他地下洞室等相结合，有利于节省工程量。

3. 抬动观测装置研究

随着我国水利水电工程建设的高速推进，用于基础处理和结构补强的灌浆技术得到广泛应用。但是，与之配套的抬动变形观测方法的发展较慢、改进很小。以往的抬动变形观测方法主要有两种：第一种为钻孔内埋、垂直向下观测法，应用较为广泛；第二种为表面连杆观测法，应用相对较少。在陡倾、直立岩面近水平向灌浆或任意上仰方向灌浆时（即任意球径向），采用上述两种方法进行抬动变形观测存在如下问题。

（1）钻孔内埋、垂直向下观测法无法进行水平或上仰方向观测。钻孔内埋、垂直向下观测法一般只适用于垂直或下倾钻孔灌浆（如帷幕灌浆、常规坝基固结灌浆等工程灌浆）时采用，而对陡倾、直立岩面近水平向灌浆和任意上仰方向孔灌浆（如高拱坝斜坡坝基灌浆、地下厂房洞室围岩固结灌浆、坝体接缝灌浆、地下洞室顶拱回填灌浆等工程灌浆）时，此方法中的孔内装置将不能有效安装，无法进行水平或上仰方向的抬动观测。主要因为：①当埋设方向为近似水平或任意上仰方向时，孔底锚固砂浆（或水泥浆）难以通过抛投（或自流）的方式在自重作用下进入孔底凝固形成锚固段；②起孔底隔浆作用的黏土或黄油等不能在自重作用下充满相应孔段并形成隔浆段，且易在灌浆时被击穿失效；③外套管和岩壁之间的缝隙不能采用注水下砂的方式进行有效填充，难以有效阻隔通过钻孔裂隙渗入孔内的浆液。上述任何一种安装缺陷均会导致该观测方法失效。

（2）表面连杆观测法的观测精度低、施工干扰大。表面连杆观测法一般适用于监测两个相邻块体或两个区域之间（例如混凝土板块开裂）的表面相对变形值，是一种简易观测方法，在实际工程中应用极少。对任意向、在任意位置灌浆的情况，此方法的适应能力差，存在精度低、施工干扰大的问题：①此方法中的观测点和锚固点（相对不动点）通常同属一个平面，在灌浆时若相邻两个块体或区域同时受力，同步变位，那么观测出来的抬动变形值可能比本块体实际发生的真正位移偏小（两块体同向位移）

或偏大(两块体反向位移)。若这种简易的相对变形观测方法应用于基岩灌浆抬动变形观测,其精度明显偏低。②此方法中的连杆式装置均直接布置于地面,其布置和观测与其他施工项目干扰较大。为达到一定精度,该方法中连杆长度一般较长、较粗(增加刚度),在空间上(特别是在空间狭窄的地下洞室)侵占其他施工项目的作业面,形成施工干扰;同时,现场施工产生的机械、人为碰撞不可避免,均会干扰表面连杆式装置的有效观测。

综上所述,以往通常采用的钻孔内埋、垂直向下观测法和表面连杆观测法均不适用于陡倾、直立岩面近水平向灌浆或任意上仰方向灌浆抬动变形观测,亟待研究出一种适用于任意球径向抬动变形观测的方法。针对现有技术的不足,本书提出一种钻孔内埋式任意球径向灌浆抬动变形观测方法[78],该方法可实现任意球径向抬动变形的观测,具有观测过程可靠稳定、测量数据精度高等特点;同时应用此方法可在狭窄、有限的空间内完成观测装置的埋设,且安装过程便捷、高效。

4. 灌浆平洞内排水沟的布置

通常灌浆平洞内的排水沟宜设置在底板的下游侧。近年来,随着文明施工意识的不断增强,为了快速疏排灌浆平洞内的施工污水,保持灌浆平洞的整洁。有的工程在灌浆平洞断面设计上采用了上、下游均设置排水沟的排水方法。诚然,这种上、下游均设置排水沟的方法对加速污水排放能起到很好的改善作用,但更应该考虑的是灌浆平洞本身为薄衬砌结构,一般厚仅 30~50cm,而在排水沟底部,其混凝土厚度则更小,有的地方受开挖起伏差影响,厚度仅数厘米。而帷幕灌浆孔又多偏向上游布置,一般距上游洞壁仅 50~80cm。上游设置排水沟后,使得灌浆孔距离排水沟距离更近,在高压灌浆作用下,排水沟底部薄层混凝土极易被击穿而大量漏浆,不仅造成浆液的浪费,也不利于保证灌浆质量。

水布垭水电站灌浆平洞施工中曾采用该种排污方法,实践证明其浆液外漏现象是比较常见的。因此,上、下游均设置排水沟是不可取的,如确实需要加大灌浆平洞施工污水的排放力度时,可适当加大下游排水沟断面。

4.2 岩溶地区帷幕灌浆工艺

由于岩溶地区具有特殊的地质条件,在岩溶地区修建的大坝防渗帷幕灌浆一般具有以下 4 个特点。

1. 帷幕灌浆工程量大

由于岩溶地区防渗帷幕深度大，帷幕线长，且局部帷幕灌浆孔排数又较多，所以帷幕灌浆工程量大。国内的构皮滩、乌江渡、东风、隔河岩这几个大坝的帷幕灌浆进尺分别为 $4.0 \times 10^5 m$、$1.9 \times 10^5 m$、$2.9 \times 10^5 m$、$1.9 \times 10^5 m$。伊拉克都堪坝、土耳其凯班坝帷幕灌浆进尺分别为 $4.7 \times 10^5 m$、$3.2 \times 10^5 m$。

岩溶地区溶洞、溶蚀裂隙多，透水性很大，所以灌注材料的耗用量较非岩溶地区大。岩溶发育复杂地区，材料耗用量更大。例如：乌江渡大坝帷幕灌入水泥达 55600t，东风大坝灌入水泥 74519t，美国佛特伦敦重力坝灌入水泥 283680t，西班牙卡马拉扎重力坝灌入水泥 369600t。岩溶地区帷幕灌浆单耗也较高，美国佛特伦敦重力坝为 1440kg/m，西班牙卡马拉扎重力坝为 3800kg/m。

2. 防渗帷幕轴线长、深度大

由于岩溶地区的渗漏性大，不仅坝基部分要设置防渗帷幕，有时为防止坝肩和水库周边漏水，在这些部位也需要设置防渗帷幕，故帷幕轴线会比一般地区的防渗帷幕长。例如：东风水电站帷幕防渗线路长 3650m，伊拉克的都堪坝帷幕总长 2877m（其中左岸库边的防渗帷幕长 1684m，右岸库边防渗帷幕长 1033m）。

岩溶地区的帷幕深度往往较一般地区的帷幕深，有的大坝坝基帷幕深度甚至达到坝高的 2~3 倍。例如：阿尔及利亚的舍尔发斯重力坝坝高 37m，防渗帷幕深度最大为 180m，约为坝高的 5 倍；构皮滩坝基防渗帷幕单孔最大深度 195m。

3. 施工复杂

岩溶地区的地质情况多变，坝基或水库周边的帷幕灌浆施工中经常遇到溶洞、溶槽，需要查明溶洞内充填物类型、充填规模，进而采取相应的处理措施。同时，岩溶地区的地层复杂多变，施工过程中有时会揭露出新的地质缺陷，这时需要研究对策进行适当的处理。

4. 帷幕造价高

岩溶地区修建防渗帷幕，由于其工程量大，平均单耗高，施工复杂，施工历时长，故帷幕造价也高。有统计资料显示：地质条件不复杂的一般地区，防渗帷幕造价约占大坝造价的 2%~5%；在地质条件比较复杂的地区，帷幕造价约占大坝造价的 5%~15%；而在岩溶发育的地区，防渗帷幕造价约占大坝造价的 30%，甚至更多。

鉴于上述原因，帷幕灌浆工艺往往对灌浆质量、吸浆量、工程造价、工期等影响明显。对于岩溶地区的防渗帷幕灌浆工程，往往需要探索适合工程自身特点的灌浆工艺和方法（如灌浆段长、灌浆压力、灌浆孔间距等），必要时进行现场灌浆试验和室内试验。

4.2.1 灌浆段长

灌浆段的长度是根据岩体裂隙发育程度、破碎情况、渗透性以及设备能力等条件综合考虑而定，灌浆段的长短与灌浆质量有关。

岩体中各处的裂隙状态各异，如裂隙的宽窄、分布以及充填物多是变化的。在灌浆段较短的情况下，即较小的范围内，其变化的程度较小，灌浆较容易，因而灌浆质量较好；在灌浆段较长的情况下，裂隙变化的程度较大，灌浆较困难，因而灌浆质量也常受一定程度的影响而稍差些。灌浆段过长，则会影响灌浆质量。

从各灌浆工程的实践情况来看，在一般地质条件下，段长控制在 5~6m。岩体条件较好、渗透性较弱时，段长可稍微加长，但一般不宜超过 10m。岩体破碎、裂隙发育、渗漏情况严重时，段长应缩短至 3~4m。在岩体较完整、岩溶不发育、裂隙少的地段，段长仍以 5~6m 为宜。在岩体岩溶发育、渗漏性大的地段，段长应适当缩短，对于宽大岩溶裂隙和大溶洞地段，应单独处理。

采用孔口封闭、自上而下分段灌浆法施工时，灌浆段长度宜短。在表层前两段灌浆段长可取 2~3m；之下的灌浆段可取 4~6m，实施的灌浆工程段长大多是 5m。银盘水电站灌浆工程为了加快进度，灌浆段长局部加大至 6m，灌后检查显示满足设计要求。

在地质缺陷部位，为了保证灌浆质量，在钻孔中遇到漏水量大、孔口不返水的孔段，应立即停钻，将此处作为一短段，先行灌好，而后再继续钻灌。

4.2.2 灌浆压力与扩散半径的关系

由于灌浆工程针对的对象主要是岩土体，其内部除了含有不同性质的介质，还含有节理裂隙，基于此，岩土体呈现出非均质各向异性特征。这使得本来很简单的问题变得较为复杂。

4.2.2.1 理论研究

为了便于研究灌浆压力与扩散半径的关系，将复杂问题简单化，大多作了一些假设。下面仅列出适用于裂隙均匀分布的岩石中较为常用的公式和隆巴迪公式。

1. 常用公式

$$R = \sqrt{\dfrac{2Kt\dfrac{\mu_1}{\mu_2}\sqrt{Hr}}{n}} \qquad (4\text{-}1)$$

式中，R 为浆液的扩散半径；K 为灌浆前岩层的渗透系数；t 为灌浆的延续时间；H 为灌浆压力，以水柱高度计；r 为钻孔半径；μ_1、μ_2 为水与浆液的黏滞系数；n 为岩层的有效孔隙率。

2. 隆巴迪公式

隆巴迪采用力的平衡法表示出缝宽为 $2t$ 的缝中，浆液最大扩散半径 R_{max} 的计算公式。

$$R_{max} = \dfrac{P_{max}t}{c} \qquad (4\text{-}2)$$

式中，P_{max} 为最大灌浆压力；t 为缝宽的一半；c 为浆液的黏聚力。

从上面两个公式可以看出：浆液的扩散半径随着灌浆压力的增大而增大。但是公式中存在难以准确确定的参数，如岩体的缝宽、岩层的有效孔隙率，故在工程实际中可以用理论公式进行估算。

4.2.2.2　试验研究

浆液扩散半径 R 是灌浆工程的一个重要参数，它对灌浆工程量及造价影响极大。当地质条件较复杂或计算参数不易选准时，可以通过现场灌浆试验来确定。

现场灌浆试验时，可以按照三角形(梅花形)或矩形布置不同孔距的灌浆孔。灌浆试验结束后，采用以下手段对浆液扩散半径进行评价：

(1)钻孔压水或注水，求出灌浆体的渗透性；

(2)钻孔取样，检查孔隙充浆情况；

(3)钻孔摄像，直接观察地层的充浆情况。

如前所述，岩土体组成很复杂，不论是理论计算或灌浆试验都难以求得整个地层有代表性的浆液扩散半径。实际工作中可以通过布置不同孔距的灌浆孔，根据灌后检测效果确定适合该工程的孔距。

这里需要指出的是：灌浆试验确定的扩散半径并非最远距离，而是能符合设计要求的浆液扩散距离。

4.2.3 灌浆孔冲洗技术

为了提高灌浆质量，取得良好的灌浆效果，在灌浆前必须清除钻孔中残积的岩粉，清除裂隙或空洞中所充填的黏土杂质等物。

4.2.3.1 钻孔冲洗

钻孔冲洗的目的是将残存在孔底和黏附在孔壁处的岩粉、碎屑等杂质冲出孔外，以免堵塞在裂隙的进口而影响浆液灌入。

钻孔钻到预定孔段的深度并取出岩芯后，将钻具下入至孔底，用大流量水进行冲洗，直至回水变清，孔内残存杂质沉积厚度不超过 10~20cm 时，结束冲洗。冲洗总时间要求：单孔不少于 30min，串通孔不少于 2h。

4.2.3.2 裂隙冲洗

裂隙冲洗的目的是用压力水将岩体裂隙或空洞中所充填的松软的、风化的泥质充填物冲出孔外，或是将充填物推移到需要灌浆处理的范围之外。这样，裂隙冲洗干净后，有利于浆液流进并与裂隙接触面胶结坚固，起到防渗和固结作用。

裂隙冲洗的种类可分为单孔冲洗和群孔冲洗两种。单孔冲洗的方法有高压冲洗、高压脉动冲洗和扬水冲洗。这里介绍常用的高压冲洗和高压脉动冲洗两种方法。

1. 单孔冲洗

单孔冲洗适用于较完整的、裂隙发育程度较轻的、充填泥质情况不严重的岩层。

1）高压冲洗

冲洗时，尽可能地升高压力，使得整个冲洗过程在大的压力下进行，以便将裂隙中的充填物向远处推移或压实。同时，也要注意控制压力，防止岩层抬动变形。

高压冲洗也适用于地质条件比较好的较完整的岩体，裂隙冲洗水压力为坝基灌浆压力的 80%，且不大于 1MPa。借用压力水进行冲洗，直至回水澄清 10min 为止，且总的冲洗时间单孔不小于 30min。

遇到渗流量大，升不起压力，那就尽水泵的能力往孔内压水，增大流量，加快流速，增强水流冲刷充填物的能力，使之能携带充填物走得更远些，这样冲洗裂隙的效果更好。

有资料显示，某工程基岩裂隙中充填细黏土，在灌浆处理之前，曾做了冲洗试验。试验结果显示：适当的大压力冲洗的效果要比小压力冲洗好；裂隙中泥质充填物经过高压冲洗后灌浆效果较好。

2）高压脉动冲洗

高压脉动冲洗，就是用高低压反复冲洗。操作方法为：先用高压冲洗，冲洗压力为灌浆压力的 80%，连续冲洗 5~10min 后，将孔口的压力在极短的时间内突然降到零，形成反向脉冲流，将裂隙中的泥质碎屑带出，回水多呈混浊色。当回水由混浊变清后，再升高到原来的冲洗压力，持续几分钟后，再次突然下降到零。如此一升一降，一压一放，反复冲洗，直至回水澄清后，再持续 10~20min 为止。压力差值越大，冲洗效果越好。

2. 群孔冲洗

群孔冲洗是把两个或两个以上的孔组成一个孔组，进行冲洗。它的作用是把本组内几个钻孔间岩石裂隙中的充填物经冲洗清除出孔外，为灌浆处理的岩体提供可灌的条件。

群孔冲洗主要是使用风和压力水。冲洗时，轮换地向某一个孔或几个孔压入风或压入水或风水联合压入，使由另一个孔或几个孔出水，这样的反复交替冲洗，直到各孔喷出的水都是清水后停止。裂隙冲洗时冲洗段宜划分较短，冲洗压力宜高，水量宜大。压力高易于冲洗裂隙；水量大，裂隙中的流速大，才有可能冲掉泥质并将其携带出来。

4.2.4　特殊情况处理技术

通过对水布垭、隔河岩、高坝洲等工程的岩溶发育特点、规模、强度的深入研究，对帷幕灌浆过程中的岩溶处理经验进行了系统总结，灌浆作业本身遭遇特殊情况时多采用以下方法进行处理。

(1) 在溶洞地区帷幕灌浆遇到注入量单耗大且灌浆难以结束的孔段，或开始灌浆不能起压或短时间内不能达到规定的压力时，应采用降压、浓浆、限流、限量、间歇灌浆或在浆液中掺加速凝剂等方法处理，必要时可采用稳定浆液或混合浆液灌注。待注入率减小到一定程度后，再逐渐升压，依据技术要求灌浆直至达到结束标准为止。

(2) 溶洞灌浆应查明溶洞类型、规模和渗流、充填情况并作好记录，采取相应处理措施：

①溶洞内无充填物时，根据溶洞大小和地下水活动程度，可泵入高流态混凝土或水泥砂浆，或投入级配骨料再灌注水泥砂浆、混合浆液、膏状浆液，或进行膜袋灌

浆等。

②对于大空洞岩溶，可使用混凝土泵泵入高流态混凝土，骨料最大粒径小于20mm。待凝7d后，再重新扫开，再灌入水泥浆。

③对于空洞较大的岩溶，根据地下水的活动程度，可钻较大口径钻孔泵入高流态混凝土或干净碎石，而后灌注水泥砂浆或水泥粉煤灰浆。待凝3d后，根据压水资料，再确定是灌注水泥浆还是水泥砂浆或其他浆液。

④对于空洞较小的溶洞，可灌注水泥砂浆或其他混合浆液，待凝3d后，扫开再灌注水泥浆。

⑤溶洞内有充填物，根据充填类型、特征，研究处理措施。

(a)若溶洞内充填密实的黏土，一般处理原则是，对地表或埋藏较浅的溶洞，尽量采用开挖、回填的方法处理。即：一般挖深至溶洞，而后将溶洞中的充填物挖除干净，回填混凝土。若溶洞埋藏较深，可以采用灌浆方法；必要时可以开挖竖井，或钻大口径钻孔直达溶洞，人员下入洞中，清除出充填物，回填混凝土，后续根据需要再进行密实性灌浆。

(b)溶洞内充填物为碎石等可灌浆较好的物质，可采用分级升压灌注；

(c)若充填物为可灌性较差的粗砂、细砂时，应采用高压水脉动冲洗、风水轮换冲洗，必要时可加密灌浆孔冲洗，基本冲洗干净后采用灌浆处理。

⑥溶洞中有涌水时，根据涌水量的大小、方向，应采用排水、引流措施，在灌浆时视需要可采用化学灌浆。孔口有涌水的灌浆孔段，灌浆前应测记录涌水压力和涌水量，根据涌水情况，可选用自上而下分段灌浆、缩短灌浆段长、提高灌浆压力改用纯压式灌浆、灌注浓浆、灌浆速凝浆液、屏浆、闭浆、待凝、复灌等工程措施处理。

⑦在由多排灌浆孔所构成帷幕的情况下，两个边排孔可以考虑采用限量法灌浆，压力也可以稍低些，但中间排孔需要达到正常的结束标准才可结束密实性。

⑧灌浆过程中若遇到压水大面积串通现象，施工过程中可以采取分区灌浆法处理，即先灌中间的串通孔，将串通区分割成2个相对的灌浆区，再依此法将上述2个串通区共分为4个相对独立的灌浆区，而后对各灌浆区单独进行灌浆处理。

4.2.5　现场灌浆试验

对于前述帷幕灌浆工艺，需结合不同工程的特点开展现场试验研究。

1. 现场灌浆试验研究的必要性

由于各工程的地质条件、实施条件、功能要求与规模等不尽相同，以往同类工程的灌浆经验可作为参考,但不能直接搬用。在大型工程及复杂地质条件工程中,为使工程的灌浆设计与施工(包括灌浆布置、施工工艺、灌浆参数等)更符合实际情况,更经济合理,必须先期开展现场灌浆试验研究,以试验成果作为指导工程设计、施工的基本依据。为此,我国的相关规范中作出专门规定与要求,具体见表4-1。

对于大型工程,根据上述规范和强制性条文要求,应开展基岩帷幕灌浆试验研究,以避免不必要的失误与浪费,确保工程施工顺利进行,减少相互干扰与快速施工。

表 4-1　规范中关于现场灌浆试验必要性的部分条文

规范名称	引用条文
《中华人民共和国工程建设标准强制性条文:电力工程部分》(2016年版)	4.0.2　下列灌浆工程在施工前或施工初期应进行现场灌浆试验: 1. 1、2级水工建筑物基岩帷幕灌浆; 2. 地质条件复杂地区或有特殊要求的1、2级水工建筑物基岩固结灌浆和隧洞围岩固结灌浆; 3. 其他认为有必要进行现场试验的灌浆工程
《混凝土拱坝设计规范》(SL 282—2018)	9.3.2条　灌浆压力应根据工程和地质情况进行分析计算并结合工程类比拟定,必要时应进行灌浆试验论证,而后在施工过程中调整确定。 9.3.1条　坝基固结灌浆设计应根据建基岩体的裂隙发育程度、爆破松弛情况及坝基受力情况综合确定
《水工建筑物水泥灌浆施工技术规范》(DL/T 5148—2021)	内容同《中华人民共和国工程建设标准强制性条文:电力工程部分》(2006年版)4.0.2条

2. 关于灌浆试验的实施阶段

规程规范中关于基础处理及渗控工程(对于拱坝主要指固结灌浆及帷幕灌浆)前期设计的工作内容的条文规定见表4-2。

表 4-2　规范中关于灌浆工程设计的部分条文

规范名称	引用条文
《水电工程可行性研究报告编制规程》(DL/T 5020—2007)	9.4.2　基础处理和渗控措施 根据建筑物地基(包括边坡)的地质条件和稳定、渗透、强度、变形等特性,提出坝(闸)基和坝肩的开挖深度及防渗、排水、加固处理措施

规范名称	引 用 条 文
《水电工程招标设计报告编制规程》（DL/T 5212—2005）	8.3.1 挡水建筑物布置和结构设计 4. 说明坝闸体坝闸基和坝闸肩的防渗排水范围和措施。 5. 说明基础的加固处理范围和措施
《混凝土拱坝设计规范》（SL 282—2018）	9.3.1条 坝基固结灌浆设计应根据建基岩体的裂隙发育程度、爆破松弛情况及坝基受力情况综合确定。坝基岩体裂隙发育（包括爆破裂隙）或有松软充填物、且具有可灌性时，应根据受力条件、变形控制和稳定要求，在坝基范围内进行固结灌浆；并应根据坝基应力及地质条件，向坝基外上、下游适当扩大处理范围；防渗帷幕上游区坝基宜进行固结灌浆；断层破碎带及其两侧影响带应加强固结灌浆
	9.3.2条 灌浆压力应根据工程和地质情况进行分析计算并结合工程类比拟定，必要时应进行灌浆试验论证，而后在施工过程中调整确定
《水工建筑物水泥灌浆施工技术规范》（DL/T 5148—2021）	4.0.2 下列灌浆工程在施工前或施工初期应进行现场灌浆试验： 1. 1、2级水工建筑物基岩帷幕灌浆； 2. 地质条件复杂地区或有特殊要求的1、2级水工建筑物基岩固结灌浆和隧洞围岩固结灌浆。 3. 其他认为有必要进行现场试验的灌浆工程

从《水电工程可行性研究报告编制规程》（DL/T 5020—2007）及《水电工程招标设计报告编制规程》（DL/T 5212—2005）中有关条文可知，可研及招标设计阶段基础处理和渗控工程设计的主要工作内容是：提出处理范围及处理措施，相应的灌浆参数根据工程地质条件、水文地质条件、作用水头及工程经验等综合确定。

从《混凝土拱坝设计规范》（SL 282—2018）及《水工建筑物水泥灌浆施工技术规范》（DL/T 5148—2021）中有关条文可知，帷幕灌浆试验均要求在施工阶段进行；前期设计阶段固结灌浆试验可根据工程需要决定是否进行。对于有特殊要求的固结灌浆，《水工建筑物水泥灌浆施工技术规范》（DL/T 5148—2021）中规定，应在施工前或施工初期应进行现场灌浆试验。

3. 试验费用

根据《水电工程设计概算编制规定》（2007年版），勘察设计费中包括为勘察设计服务的科研试验费用，但限于各设计阶段编制规程要求的范围之内。根据可研报告和招标设计编制规程，灌浆试验并非前期设计阶段的必需内容，因此一般不列入勘察设计费。

现场灌浆试验研究是施工过程中为解决工程技术问题，最终优化调整及确定灌浆设计(布置和工艺)而开展的必要的科学试验研究，列入施工科研试验费较为合适。灌浆试验研究费用来源的有关依据见表 4-3。

4. 现场灌浆试验研究实施方式

国内部分大型水电工程现场灌浆试验研究的实施情况见表 4-4。由表可见，现场灌浆试验研究由设计单位总承包或施工单位独立承担应均是可行的。但现场灌浆试验研究包括方案设计、现场施工、室内试验、现场测试等多个环节。相对而言，设计单位作为灌浆布置、灌浆工艺、质量控制标准的制定单位，对工程要求及地质条件的把握更准确，同时试验又具有一定的动态摸索特点，需要由设计单位对试验方案进行针对性优化调整。因此，以设计单位总承包的方式开展现场灌浆试验研究，更合适一些。

表 4-3　规范中关于灌浆试验费用来源的相关条文

规范名称	引 用 条 文
《水电工程设计概算编制规定》(2007 年版)	3.4.4 条　科研勘察设计费指为工程建设而开展的科学研究、勘察设计等工作所发生的费用。包括施工科研试验费和勘察设计费。 3.4.4.1　施工科研试验费指在工程建设过程中为解决工程技术问题，而进行必要的科学试验所需的费用，不包括应由勘察设计费开支的费用。 3.4.4.2　勘察设计费指可行性研究设计、招标设计和施工图设计阶段发生的勘察费、设计费和为勘察设计服务的科研试验费用。勘察设计的工作内容和范围以及要求达到的工作深度，按各设计阶段编制规程执行

研究团队承担了三峡、水布垭、彭水、构皮滩、寺坪、银盘[79]、丹江口大坝加高、陶岔渠首、亭子口等 10 余个大型工程现场灌浆试验研究项目，为灌浆工程设计和优化取得了一系列有价值的成果，直接指导了灌浆工程的顺利进行。

表 4-4　国内部分大型工程现场灌浆试验研究实施方式

工程名称	试验内容	委托单位	承担单位	实施阶段
三峡	固结+帷幕	中国长江三峡集团公司	长江设计公司总承包 中国水电基础局(简称天津基础)、中国葛洲坝集团基础工程有限公司(简称葛洲坝基础)、中国水利水电第八工程局(简称水电八局)、长科院、建材研究院、长江物探公司参加	施详
水布垭	固结+帷幕	湖北清江水布垭水电站建设公司	长江设计院总承包 葛洲坝基础、天津基础、长科院参加	施详
彭水	固结+帷幕	重庆大唐彭水水电开发有限公司	长江设计公司总承包 水电八局、水电十四局、长科院、长江岩土公司、长域公司参加	施详
构皮滩	固结+帷幕	构皮滩电站建设公司	水电八局施工 长江设计公司技术支撑	施详
银盘	固结+帷幕	重庆大唐国际武隆水电开发有限公司	长江设计公司总承包 水电十四局、长江岩土公司、长科院参加	施详
丹江口加高	帷幕	南水北调中线水源有限责任公司	长江设计公司总承包 葛洲坝基础、瑞派尔(宜昌)科技集团股份有限公司(简称瑞派尔)、长科院、长江岩土公司、长江物探公司参加	施详
陶岔渠首	帷幕	淮河水利委员会治淮工程建设管理局	长江设计公司总承包 葛洲坝新疆局、瑞派尔参加	施详
亭子口	固结	嘉陵江亭子口水利水电开发有限公司	水电七局施工 长江设计公司技术支撑	施详
	帷幕		长江设计公司总承包 水电七局、瑞派尔、长科院、长江岩土公司、长江物探公司参加	
锦屏一级	固结	二滩水电开发有限责任公司	成都勘测设计研究院	可研
	帷幕		成都勘测设计研究院 湖南省电力勘测设计院	施详

续表

工程名称	试验内容	委托单位	承担单位	实施阶段
溪洛渡	固结	中国长江三峡集团公司	四川准达公司	施详
	帷幕		天津基础	施详
白鹤滩	固结	中国长江三峡集团公司	华东勘测设计研究院	可研
向家坝	固结	中国长江三峡集团公司	中南勘测设计研究院	
	帷幕		水电七局	
大岗山	固结	国电大渡河流域水电开发有限公司	成都水利水电建设有限责任公司	施详
	帷幕		成都水利水电建设有限责任公司 北京振冲工程股份有限公司	

4.3 岩溶地区帷幕灌浆材料

当工程地质条件复杂、地层岩性特殊、地下水有腐蚀性、气候特点特殊时,灌浆材料对于帷幕质量影响较大,在灌浆施工前需要进行灌浆材料室内试验,以便对其灌浆后的防渗性能、耐久性等进行分析评价,从而确定合适的水泥品种、外加剂、配合比等。本书以某工程为例,以室内试验方式对灌浆材料开展研究,研究结论可供类似工程借鉴。

4.3.1 水泥灌浆材料室内试验

4.3.1.1 试验材料及方法

1. 试验材料

对 3 种标号的灌浆水泥进行了材料性能室内试验。

(1)32.5 号普通硅酸盐水泥,以下简称 PG-1;

(2)42.5 号普通硅酸盐水泥,以下简称 PG-2;

（3）52.5 号（超细）普通硅酸盐水泥，以下简称 GC-1。

外加剂：水泥浆材试验使用的外加剂为 UNF-5S 系列（表4-5）：β-萘磺酸钠甲醛高聚物缓凝保塑高效减水剂。

表 4-5　UNF-5S 减水剂均质性能

项目	含水率（%）	细度（60 目筛余%）	pH 值	Cl⁻（%）	总碱量
粉剂	<6	<10	7~9	<0.6	≤13
水剂	—	—	7~9	<0.2	≤5

2. 试验方法

1）试验内容及规范标准

（1）常规水泥性能试验：水泥组成、颗粒细度，安定性等。

（2）水泥浆材性能试验：

黏度：标准漏斗（Marsh 漏斗）黏度计及秒表。

比重：1002 型标准比重秤，（试验标准 GB 11933.8—1989）。

凝结时间：标准维卡仪。

结石抗压强度：单轴压力试验机。

结石抗渗强度：SS15 型砂浆渗透仪。

（3）水泥结石微观检测实验：化学成分分析；结石分析。

2）试验条件

成型后的水泥结石除特殊说明外，均在标准条件（温度为 20℃±2℃，湿度为 90% 以上）下养护至规定的龄期后进行性能测试。

4.3.1.2　水泥常规性能试验

1. 水泥组成

普通硅酸盐水泥，其中超细水泥由普通硅酸盐水泥直接粉磨而成，因此其组分基本相同，其化学组成和矿物组成检测结果见表 4-6、表 4-7。

表 4-6　水泥的化学组成(%)

水泥品种	CaO	SiO_2	Al_2O_3	Fe_2O_3	MgO	SO_3
GB 175—1999					≤5.00	≤3.50
PG-1	—	—	—	—	2.34	2.44
PG-2	60.46	20.84	5.98	6.25	1.80	2.28
GC-1	62.09	20.62	4.83	5.74	1.42	2.33

表 4-7　水泥其他组成(%)

水泥品种	烧失量	混合材掺量	不溶物
GB 175—1999	≤5.00	6~15	≤0.75
PG-1	2.49	13	—
PG-2	1.67	6	—
GC-1	0.63		0.48

2. 水泥颗粒细度检测

水泥颗粒细度常采用筛分法测定的筛余量和透气法测定的比表面积表示。但这两种方法仅适用于普通水泥细度的检测,并不完全适用于测定超细水泥的颗粒细度。对超细水泥材料,采用粒度分布测定颗粒细度的工程适用性远比用比表面积好。采用激光法检测的水泥颗粒细度结果见表 4-8。

表 4-8　水泥粒度分布累计百分量(%)

水泥品种	粒径(μm)										比表面积
	0.59	0.86	1.84	3.95	8.48	18.21	26.68	39.08	57.25	83.87	(cm^2/g)
GC-1	2.65	8.91	17.36	32.84	56.68	85.44	95.67	97.99	99.08	99.61	6138
PG-1	1.15	4.00	8.04	14.34	26.60	49.91	66.07	81.09	91.78	97.89	3333

沉降法是利用 Stokes 原理,根据水泥颗粒在介质中沉降速度测定颗粒直径的方法。它不仅能测定粒度大小,还能测定粒径分布,对研究水泥颗粒在浆液中的悬浮情况,具有特别的指导意义。采用沉降法测定的水泥粒度结果如表 4-9 所示。

表4-9 水泥粒度分布累计百分量(%)

粒径(μm)	2	5	10	20	30	40
PG-1	9.1	15.6	29.3	53.7	72.6	83.3
GC-1	—	10.3	50.34	96.6	99.9	100

从测试结果可以看出，两种检测方法间存在一定的误差，但超细水泥颗粒比普通水泥细得多，比表面积也大1倍。超细水泥颗粒$D_{50} = 10.01\mu m$、$D_{95} = 19.64\mu m$，粒径分布主要集中于$5\sim20\mu m$区间，使得浆液的流变特性易控制，更切合岩石微细裂隙灌浆的要求。

3. 水泥常规性能检测

水泥常规性能主要包括：凝结时间、结石抗压强度、抗折强度和安定性等方面。参照普通硅酸盐水泥相关试验规程进行了各项检测，检测结果见表4-10。

表4-10 水泥常规性能检测结果

水泥品种	凝结时间(h:min)		抗折强度 (MPa)	抗压强度 (MPa)	安定性
	初凝	终凝	3d	3d	沸煮法
GB 175—1999	≥0:45	≤10:00	≥2.5	≥11.0	
PG-1	2:58	3:43	4.1	20.0	合格
GB 175—1999	≥0:45	≤10:00	≥3.5	≥16.0	
PG-2	2:45	3:26	5.3	25.8	合格
GB 175—1999	≥0:45	≤6:30	≥4.0	≥23.0	
GC-1	1:40	2:35	5.5	28.9	合格

4.3.1.3 水泥浆材试验

水泥浆材试验的目的是根据实际工程的需要提出符合设计要求的浆液配合比，并对材料的灌浆特性——可灌性进行客观评价，同时研究其他相关因素对浆液和结石性能的影响规律。①提出使用PG-1水泥进行固结灌浆适宜的浆材配比；②提出使用PG-2水泥进行帷幕灌浆适宜的浆材配比；③研究地质缺陷部位帷幕采用干磨细水泥灌浆的浆材配比及制浆工艺。

在大坝基础灌浆施工中，影响灌浆效果的主要因素包括：水泥灌浆材料的浆材流变特性、水泥结石的强度性能和制浆工艺等。为了取得良好的灌浆效果，使水泥浆液适用于岩石灌浆，浆液必须具备以下几种特性：制浆容易，浆液具有足够的稳定性，便于充填裂隙的最优黏度；水泥结石有足够的强度（抗压、抗渗、抗剪等），收缩量小，以及良好的抗水冲蚀性能、化学稳定性等。浆材试验不仅要了解灌浆材料特性，还要掌握发挥材料特性以及与之相适应的制浆工艺。通过选择不同水灰比、外加剂、制浆工艺、拌和时间等参数，系统了解这些因素对浆材流变特性和结石强度性能的影响。

1. 水泥浆材配合比的选择

1）水灰比的选择

水灰比（W/C）是影响水泥浆材性能的一个重要指标。要想获得理想的水泥灌浆质量和耐久性效果，在很大程度上取决于水泥浆液的水灰比。灌浆用的水泥浆材应具有低黏度和高流变特性。在现代灌浆技术中，尽量采用稳定性浆液灌浆已成为一种共识。灌浆稳定性浆液要求水泥浆液的 Marsh 漏斗黏度在 20~40s 之间，2 小时稳定析水率<5%。因此，在进行浆液水灰比的选择时，能否保持浆液的稳定性是一个重要选择依据。

普通水泥浆液在通常情况下，水灰比小于 1∶1 时，浆液的表观黏度随水灰比的减小而显著增大；当水灰比大于 3∶1 时，水灰比的增加对浆液黏度的降低作用非常小。实践表明，过大的水灰比会导致浆液稳定性变差。通常全水化反应的水灰比为 0.437，当水灰比大于该值时，水会从浆体中析出或存留在孔隙中形成毛细水和毛细孔，破坏裂隙中灌注水泥结石的连续性，形成空洞、气孔等渗透通道。水灰比越高，所形成的毛细水和毛细孔越多，导致结石强度和抗渗性下降，从而影响灌浆质量。另外，灌浆过程中水化反应多余的水携带水泥颗粒沿裂隙扩散，水泥颗粒越细，被携带越远，裂隙被充填的时间也越长。而较粗的颗粒会在裂隙的通道上沉淀淤积，逐渐堵塞通道，使得细颗粒也难以通过，导致析水回浓。因此，采用较小水灰比、稳定性好的浆液灌浆，灌浆效果优于大水灰比浆液。

对浆液稳定性的评价通常采用稳定析水率来表示，即水泥浆液在一定时间内达到相对稳定的析水体积比。总结已有的大量水泥浆材试验成果，通常水泥材料在气温较低（低于 10℃），水灰比较小（W/C<0.6∶1）的情况下，浆液的稳定性较好，可视为稳定性浆液进行灌浆。而对于高水灰比（W/C>1）浆液，由于稳定析水率高（>5%），不能作为稳定性浆液。

综合考虑以上各种影响因素，普通水泥浆材试验选择0.6∶1、1∶1、2∶1等3个水灰比，超细水泥采用0.8∶1、1∶1、2∶1等3个水灰比进行灌浆水泥浆材试验。

2）外加剂的选择

作为灌浆水泥浆材，特别是超细水泥浆液，在制浆过程中必须掺加一定量的高效减水剂，以降低浆液黏度，改善浆材的流动性能。研究表明在超细水泥的悬浮液中，粉末状的细小水泥颗粒会凝聚成带电荷的"团块"，导致浆液中"真正"的水泥颗粒粒径与干水泥粉末状态下的颗粒粒径分布并不完全相同，进而直接影响浆液的流变特性和对岩石微细裂隙的灌浆效果。使用一定量的高效减水剂可以在浆液中对电荷起中和作用，将"团块"分散成单一的水泥颗粒状态；降低浆液的凝聚力，使浆液在保持相对稳定的同时具有良好的流动性，以满足灌浆施工的需要。此外，特定的高效减水剂还具有提高结石后期强度和延长浆液凝结时间等作用。

外加剂的筛选工作非常复杂。对于外加剂的选择，以能使浆液保持良好流动性为主要依据，同时又使浆液保持一定的相对稳定性。根据已进行的相关浆材外加剂选择试验，在使用低水灰比（W/C<1∶1）情况下，浆材的流动性降低，特别是超细水泥浆液，其黏度增加得更多。因此为改善浆液的流变特性，选用已在三峡、水布垭等工程中广泛使用的萘磺酸钠-甲醛（UNF-5S）高效减水剂进行试验，标准掺量选择1.0%。

3）制浆工艺的选择

普通水泥的制浆采用一般工艺即可。由于超细水泥与普通水泥的特性有很大的不同，因此主要针对超细水泥进行制浆工艺试验。

试验所有的浆液首先由高速搅拌机拌制而成，控制浆液的水和水泥高速拌和3min。因为含外加剂的水泥浆的流变特性与加入外加剂的不同时间有关，通常分为后掺法和前掺法。对于较稠的浆液0.6∶1（W/C<1∶1），可采用后掺法，即首先将外加剂（按1∶10重量比）加入拌和用水中，充分搅拌溶解后加入先拌和的水泥浆中再拌制3min，然后将水泥浆改用低速搅拌。研究表明后掺法制得的浆材比前掺法制得的浆液的凝聚力减小了50%~100%。而对于较稀的浆液（W/C=1∶1），由于浆液本身凝聚值较小，为使浆液具有更高的稳定性，可将外加剂直接加入水和水泥一起拌和，最后将制得的浆液排入低速搅拌机进行搅拌，并取样测试。

4）浆材配合比与性能检测

根据水泥常规性能测试结果，对PG-1、PG-2、GC-1三种水泥材料进行了浆材性能试验。通过选择对以上影响水泥浆材性能的主要参数，确定PG-1、PG-2普通水泥浆材试验配合比和浆材性能试验结果如表4-11、表4-12所示；对GC-1超细水泥浆材试验配合比进行选择试验如表 4-13、表 4-14 所示。

表 4-11　普通水泥浆材试验配合比

试验编号	水灰比（W/C）	外加剂 UNF-5S	漏斗黏度（s）	稳定析水率（%）	备注
1	0.6：1	0.7%	25.3	6.2	
2	1：1	—	19.4	13.5	PG-1
3	2：1	—	16.7	50.6	
4	0.6：1	0.7%	24.0	4.0	
5	1：1	—	18.6	10.0	PG-2
6	2：1	—	15.0	48.8	

表 4-12　浆材性能试验结果

试验编号	凝结时间（h：min）		抗压强度（MPa）	抗压强度（MPa）	抗渗强度（MPa）
	初凝	终凝	7d	28d	28d
1	6：53	7：57	17.9	32.1	2.0
2	6：41	12：36	7.19	13.0	0.8
3	8：48	17：43	3.67	9.28	<0.2
4	7：27	10：18	39.7	46.7	3.0
5	6：08	11：35	16.4	34.0	0.9
6	6：35	16：35	8.55	22.5	0.6

表 4-13　超细水泥浆材配合比

试验编号	水灰比（W/C）	外加剂 UNF-5S	浆温（℃）	漏斗黏度（s）	稳定析水率（%）	备注
1	0.6：1	—	15	>60	—	
2	0.8：1	—	14	>60	—	GC-1
3	0.8：1	1.0%	14	27.3	—	超细
4	1：1	—	13	29.7	1.5	水泥
5	1：1	1.0%	13	22.5	3.1	
6	2：1	—	13	16.1	43.7	

表 4-14 超细水泥浆材性能试验结果

试验编号	凝结时间（h:min）		抗压强度（MPa）	抗压强度（MPa）	抗渗强度（MPa）
	初凝	终凝	7d	28d	28d
3	10:10	12:40	18.74	30.28	>3.0
5	12:50	16:35	9.21	16.84	2.3
6	12:15	21:10	4.87	10.75	1.2

以上试验结果表明，超细水泥浆液的析水率远小于普通水泥。这是因为水泥颗粒越细，其比表面积越大，与水分子的接触越充分，水化反应较完全，析水就少。同时由于与水分子的接触较充分，水化反应速度较快，因此在水灰比相同条件下，浆液凝结时间普遍缩短。

2. 可灌性试验

水泥浆液的渗透能力——可灌性主要取决于浆液的流变特性和被灌介质过流横截面与水泥颗粒大小的关系。以上浆材试验主要考察了浆液的流变特性，下面将对被灌介质与水泥细度的关系进行试验研究。水泥颗粒的细度是考察水泥浆液灌入岩体裂缝的能力的一项重要指标。岩石裂隙灌浆中，水泥颗粒的大小和级配与水泥浆液能够灌入裂隙的宽度有如下关系：

$$N_R = \frac{B}{D_{85}} \tag{4-3}$$

式中，B 为裂隙宽度；D_{85} 为水泥颗粒粒径。

一般认为，当 $N_R > 5$ 时，水泥浆液的可灌性好；当 $N_R < 2$ 时，灌入能力差。目前国际上公认对于最大颗粒粒径大于裂隙宽度的 1/2～1/3 的普通水泥就不能进行灌浆，同时 D_{85} 不应大于裂缝宽度的 1/5。如果颗粒直径过大，在裂隙中间容易出现"搭桥"现象，形成滤层，堵塞裂缝。而对于超细水泥要灌入 0.1～0.2mm 的微细裂隙，则要求其 $D_{95} \leqslant 40\mu m$。

从水泥常规性能试验可知，GC-1 超细水泥的细度完全能满足岩石微细裂隙灌浆需要。

1）试验方法

为更直观地显示水泥浆液的可灌性，以及比较不同水泥浆液的可灌性，目前国际上主要采用室内模拟砂桩灌注试验和 DMT 试验法。

（1）砂桩灌注试验是在直径为 100mm 的 PVC 管内充填一定高度、级配的标准砂体，将一定体积、表观黏度相同的不同水泥浆液，在相同压力下注入砂桩内，以浆液在砂体中的最终渗入深度 H 和浆液完全被压入的时间来评价各种水泥浆液的可灌性能。H 值越大，注浆时间越短，表明浆液的可灌性越好。试验装置如图 4-3 所示。

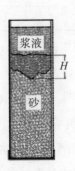

图 4-3　水泥浆液砂桩灌注试验示意图

通常水泥浆液砂桩灌注试验中通过填充不同级配比例的砂体材料来模拟现场试验环境，使其透水率与拟灌浆施工现场岩体压水试验的最小透水率相当。一般砂的级配与水泥颗粒粒径分布有关，具体如表 4-15 所示。

表 4-15　水泥浆液砂桩灌注试验标准砂的级配

标准筛孔径（mm）	1.25	0.63	0.32	0.16	0.08
累计筛余（%）	0	42.5	86.5	95.5	98.5

注：砂的细度模数为 2.25，平均粒径 $D_{50} = 0.42$mm。

试验采用 GC-1 超细水泥和 PG-1、PG-2 普通水泥进行了可灌性对比试验。在试验过程中采用表观黏度相同的超细水泥和普通水泥浆液配比，采用静压注浆，一定时间后测量浆液在砂中的渗透深度 H。试验结果见表 4-16、表 4-17。

表 4-16　水泥浆液可灌性对比试验结果（一）

试验编号	渗入深度 H（mm）	注浆时间（min：s）	备 注
1	17	12：32	PG-1，浆液黏度为 20.5s
2	28	8：50	PG-2，浆液黏度为 20.1s
3	45	4：14	GC-1，浆液黏度为 20.8s

注：试验条件为砂桩透水率模拟 1Lu，注浆压力 0.4MPa。

表 4-17　水泥浆液可灌性对比试验结果(二)

试验编号	渗入深度 H(mm)	注浆时间(min：s)	备　注
1	98	2：27	PG-1，浆液黏度为 20.5s
2	154	1：54	PG-2，浆液黏度为 20.1s
3	221	1：10	GC-1，浆液黏度为 20.8s

注：试验条件为砂桩透水率模拟 5Lu，注浆压力 0.8MPa。

超细水泥可灌性结果表明，在相同灌浆条件下 GC-1 超细水泥浆液的灌入能力是普通水泥浆液的 1.5 倍多。说明超细水泥浆液的可灌性能优异。

(2)DMT 试验是德国埃森公司首先提出的另一种评价灌浆材料可灌性的室内模拟试验方法。试验采用经过加固的具有一定粗糙度的两块平板安装在可以调节间隙的支架上，通过精确调整间隙来模拟岩石裂隙宽度。在其他外部环境条件相同的情况下，将所试验灌浆材料全部压入空隙中的最小岩石间隙，此间隙即为极限裂隙宽度 B。通过比较灌浆材料的极限裂隙宽度 B 来评价其可灌性。试验装置如图 4-4 所示。

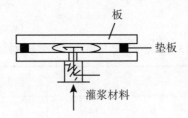

图 4-4　DMT 灌浆试验示意图

模拟试验选择最大裂隙从 1mm 开始，每次减少 0.1mm，直到水泥浆液不能完全充填裂隙为止。当裂隙宽度为 0.2mm 时，超细水泥浆液能满足要求，而普通水泥浆液不能完全充填裂隙；当裂隙宽度为 0.1mm 时，所有水泥浆液均不能满足要求。试验结果证明，超细水泥浆液的可灌性明显好于普通水泥浆液，其极限裂隙宽度应为 0.1~0.2mm。同时在试验中还观察到，当裂隙宽度接近极限宽度值时，普通水泥浆液出现分离现象——水从排气孔中压出，其类似于灌浆过程中的"失水回浓"。而超细水泥浆液未发生此现象。这说明在灌浆施工中如果出现失水回浓，采用更细的水泥灌浆材料是一种较好的选择。

2)可灌性评价

水泥浆液的可灌性由水泥细度、浆液黏度和析水稳定性共同决定。以上试验表明对超细水泥而言，当水灰比小于 1∶1 时，由于浆液的析水稳定性很高，对可灌性的影响较小，此时浆液的黏度对其灌入能力起着决定作用，因此通过掺加减水剂可降低黏度，提高其可灌性。但当水灰比大于 1∶1 时，随着水灰比的增加，浆液析水稳定性成为影响浆液灌入能力的决定性因素。因此，单纯提高浆液水灰比并不能提高其可灌性。

3. 低速搅拌时间的影响

在施工中当灌浆遇到吸浆量较小的情况时，常常需要对配好的水泥浆液进行长时间的低速搅拌以维持浆液的稳定性。根据现代水泥水化理论，水泥浆随时间逐渐水化产生一些水化产物，同时浆体内逐步形成凝聚和结晶两种固相刚体结构。这些现象主要出现在水泥水化进程的第二个阶段（40~120min）。由于浆体在此时间内受到机械不断搅动，导致水化形成结构遭到破坏，进而影响水泥结石的强度。因此，对搅拌时间的控制成为灌浆工艺中的一个重要控制参数，必须对其影响规律进行深入试验研究。

1）试验结果

试验主要是研究低速拌制时间对浆材和结石性能的影响。为使模拟试验更符合现场情况，选择了 0.6∶1、1∶1、2∶1 三种不同水灰比的 PG-2 普通水泥浆液，在其他试验参数相同的情况下，进行持续低速搅拌。选择了 3min、60min、120min、180min 四个搅拌时间取样，分别进行浆材和结石性能测试。试验检测结果如表 4-18~表 4-20 所示。

2）结果分析

从浆材性能测试结果（表 4-18、图 4-5、图 4-6）可知：

表 4-18　低速搅拌时间对浆材性能影响（一）

搅拌时间	3min	60min	120min	180min
浆液黏度（s）	25.6	38.1	44.5	58.4
初凝时间（h：min）	6：53	5：45	4：50	3：55
终凝时间（h：min）	7：57	6：55	5：50	5：05
28d 抗压强度（MPa）	32.1	28.6	26.8	25.1
28d 抗渗强度（MPa）	2.0	1.5	1.2	0.8

注：水灰比为 0.6∶1。

表 4-19　低速搅拌时间对浆材性能影响(二)

搅拌时间	3min	60min	120min	180min
浆液黏度(s)	19.3	23.2	25.0	25.5
初凝时间(h：min)	6：41	6：30	6：32	6：55
终凝时间(h：min)	12：36	12：45	12：20	12：25
28d 抗压强度(MPa)	13.0	11.2	8.99	8.09
28d 抗渗强度(MPa)	0.8	0.6	0.4	0.3

注：水灰比为 1：1。

表 4-20　低速搅拌时间对浆材性能影响(三)

搅拌时间	3min	60min	120min	180min
浆液黏度(s)	16.7	16.4	17.2	18.0
初凝时间(h：min)	8：48	10：30	11：20	11：30
终凝时间(h：min)	17：4	23：20	28：30	30：00
28d 抗压强度(MPa)	9.28	6.92	4.91	4.16
28d 抗渗强度(MPa)	<0.2	<0.2	<0.2	<0.2

注：水灰比为 2：1。

(1)当水灰比低于 1：1 时,随着搅拌时间的延长,浆材凝结时间有一定的缩短,主要是初凝时间缩短了。当水灰比大于 1：1 时,随着搅拌时间的延长,浆材凝结时间延长,最多时接近 70%。

(2)不论何种水灰比浆液,随着搅拌时间的延长,结石抗压强度均有不同程度的降低;2h 后的抗压强度削减为初始的 50% 以上。

(3)对于水灰比小于 1：1 的水泥浆材,虽然可以采用减水剂使其初始黏度降低,但随着搅拌时间的延长,其黏度增长较快。

综上所述,搅拌时间对水泥浆的表观黏度影响较小,对结石强度影响很大。这是因为根据现代水泥水化硬结理论,决定水泥浆结石一系列宏观行为的不仅是水化产物,而且还包括结石内在的孔隙分布和固相产物间关系在内的浆体结构。标志水泥水化进程的四个阶段中的第二个阶段正是这种结构形成的主要时期。在该时间段之后搅拌浆体将对水泥水化形成结构有破坏作用。而在灌浆施工中,长时间的搅动多集中在该时间段,机械搅拌对水泥浆中水泥随时间逐渐水化形成的凝胶结晶结构产生的破坏

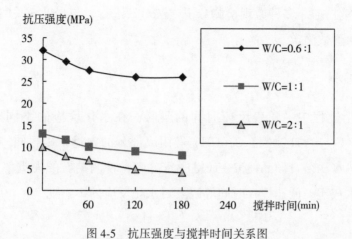

图 4-5　抗压强度与搅拌时间关系图

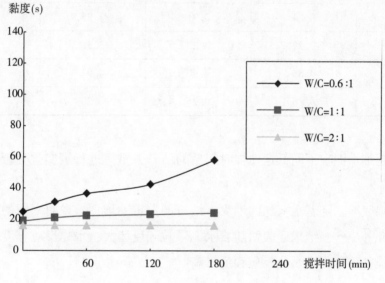

图 4-6　黏度与搅拌时间关系图

作用，必然导致结石强度下降。因此，在灌浆工艺设计时尽量考虑减少浆材搅拌时间。为此应根据灌前压水试验严格控制每次配浆量，同时每次配浆最好在 2～3h 后弃浆，以确保灌浆质量。

4.3.1.4　水泥结石微观检测

要对一种水泥浆材性能有较全面的认识，在对其浆液的流变特性进行浆材性能试验的同时还应对结石的化学和物理微观性能进行检测实验，以求从微观上对浆材性能试验的结果进行验证。水泥结石的强度与其内部微观孔结构的状况密切相关，采用了

X-ray 衍射、电镜扫描等多种微观检测分析方法对其进行了与强度有关的孔结构和水化反应速度有关的参数测定。

1. 热分析检测

水泥在水化过程中，随着反应时间的延长，在水化反应的不同阶段其水化产物——钙矾石、C—S—H 凝胶、$Ca(OH)_2$ 等组成部分的含量不尽相同。实验采用热分析法，通过加热水泥结石样品使 C—H 键脱水分解，检测结石的失重率(表 4-21)，来说明水泥浆液水灰比、低速搅拌时间等因素对水化反应的影响规律。

表 4-21　普通水泥和超细水泥结石的失重率(%)

水灰比	0.6∶1	1∶1	2∶1	特征
7d	3.84	3.91	3.95	超细
7d	3.21	3.27	3.31	普通
28d	4.85	4.90	4.93	超细
28d	4.16	4.25	4.28	普通

对不同超细水泥在不同低速搅拌时间后的结石失重率进行了实验分析。结果如表 4-22 所示。

实验结果表明，随着水灰比的增大，结石的失重率增加，说明水泥的水化反应程度提高了。此外，实验结果还表明随着水泥颗粒细度增大，水化反应程度也会有所提高。适当的搅拌可以促进水化反应程度提高。

表 4-22　低速搅拌时间对结石失重率(%)的影响

搅拌时间	3min	60min	120min
7d	3.84	3.87	3.92
28d	4.85	4.88	4.91

注：超细水泥实验水灰比 1∶1。

2. X-ray 衍射检测

X-ray 衍射实验，即利用水泥水化过程中产生的不同矿物都有各自特定的衍射峰值

（d 值），通过对水泥结石样品进行 X-ray 衍射分析，测定衍射峰 d 值的强弱来比较分析浆液水灰比、低速搅拌时间与水化反应的关系。

实验结果表明，随着浆液水灰比的增大，水化速度加快，促进了水泥活性物质的反应，由此引起 C—H 键减少，导致其结石强度性能的下降。另一方面，随着低速搅拌时间的增加，水化反应更充分，必然消耗更多的 C—H 键，最终引起结石强度的降低。这些结果与浆材试验结论相一致。

3. 电镜扫描（SEM）检测

水泥结石的电镜扫描检测主要是对结石样品通过扫描电镜将水泥水化产物进行数千倍的放大、照相，对其显微结构和形态进行直观的对比，寻求其中的客观变化规律。可以发现随着水泥浆液水灰比的增大，结石的微观孔隙明显增加；同时随着搅拌时间的延长，可以看出结石的孔隙也显著增大。孔隙率的增加将导致结石的强度下降，这与浆材性能试验的结果相吻合。

4.3.1.5　水泥灌浆材料研究主要结论

根据以上试验结果，对于所试验的普通水泥浆材，有关结论如下：

（1）当温度较低时（<10℃），采用水灰比为 0.6∶1 制浆时，随着搅拌时间的延长，低水灰比的普通水泥浆液黏度增长较快，且结石强度降低。可通过掺加外加剂改善浆材性能。掺加工艺可使用后掺法，减水剂掺量应控制在 0.7%～1.0%。

（2）随着浆液水灰比增大，其黏度降低，流动性提高。但随着搅拌时间的增加，浆液凝结时间延长，结石强度下降幅度较大。采用水灰比为 1∶1 和 2∶1 的水泥浆材，可不使用减水剂，但为保证灌浆质量，弃浆时间应控制在 3～4h 以内。

对于超细水泥浆材，有关结论如下：

（1）超细水泥浆液黏度较低，具有良好的可灌性。其中水灰比为 0.6∶1 和 1∶1 的两种浆液性能符合稳定性浆液的流变特性，在实际使用中可视为稳定浆液。水灰比 2∶1 超细水泥浆液与同水灰比的普通水泥浆液相比，稳定性有所增加，但仍属不稳定浆液。

（2）采用水灰比为 0.6∶1 制浆时，超细水泥浆液黏度很大，必须掺加外加剂，建议使用后掺法。减水剂的掺量应控制在 1.0%～1.5%。随着低速搅拌时间的延长，浆液黏度增长很快，凝结时间缩短，导致浆液可灌性大幅下降，因此弃浆时间应控制在 2h 以内。

（3）对于水灰比 1∶1 超细水泥浆液，制浆时仍需掺 1% 的减水剂，可采用前掺法。

水灰比 2∶1 超细水泥浆液不必使用减水剂。随着搅拌时间的延长，结石后期抗压和抗渗强度都有所降低，2h 后水泥结石强度下降为初始的 50%，凝结时间可延长 70%。但由于超细水泥的结石强度与同标号普通水泥相比高出很多，结石强度降低幅度仍然在可接受范围以内，因此水泥结石的强度性能指标只作为次要因素考虑。弃浆时间可控制在 3~4h。

（4）由于超细水泥浆液性能具有特殊性，在现场灌浆施工中，建议采用水灰比 1∶1 配制原浆，同时结合灌前压水试验结果，严格控制每次配浆量。

4.3.2　高分子化学灌浆材料

4.3.2.1　化学灌浆的概念

化学灌浆是将一定的化学材料(无机或有机材料)配制成真溶液，用化学灌浆泵等压送设备将其灌入地层或缝隙内，使其渗透、扩散、胶凝或固化，以增加地层强度、降低地层渗透性、防止地层变形和进行混凝土建筑物裂缝修补的一项加固基础、防水堵漏和混凝土缺陷补强技术。即化学灌浆是化学与工程相结合，应用化学科学、化学浆材和工程技术进行基础和混凝土缺陷处理(加固补强、防渗止水)，保证工程顺利进行或提高工程质量的一项技术。

4.3.2.2　化学灌浆的由来

化学灌浆是紧密结合生产实际的一门边沿科学，是 20 世纪 40 年代之后，随着石油化工的发展而形成的高分子化学的一个应用领域。化学灌浆的理论和实践是在土力学、岩石力学、工程地质、流体力学和材料科学的基础上建立和发展起来的。

黏土浆、水泥浆是较早使用的灌浆材料，这类材料的灌入能力明显地受到粒径尺寸的限制。一般认为浆材粒径必须小于被灌体孔隙或裂隙尺寸的 1/10~1/3，才能在合理的压力和速度条件下渗入地层，而不破坏地层结构。因此，早期的粒状浆材只能灌入 $K>10^{-1}$cm/s 的粗砂地层和宽度大于 3mm 的裂缝(K 为地层渗透率)，而化学浆能渗入更细小的空隙裂缝，继水泥浆之后化学灌浆已成为基础工程、水工大坝基础防渗加固处理和地下工程施工处理的重要手段，是水泥灌浆的补充和发展。

4.3.2.3　化学灌浆材料的种类及其性能

化学灌浆材料，可分为水玻璃类、木质素类、丙烯酰胺类、丙烯酸盐类、聚氨酯类、环氧树脂类、甲基丙烯酸酯类、脲醛树脂类和其他类化学灌浆材料。

1. 水玻璃类灌浆材料

水玻璃(硅酸钠)是化学灌浆中最早使用的一种材料，水玻璃类浆液是由水玻璃溶液和相应的胶凝剂组成。其中，无机胶凝剂有氯化钙、铝酸钠、氟硅酸、磷酸、草酸、硫酸铝、混合钠剂等，有机胶凝剂有乙酸、酸性有机盐、有机酸酯、醛类(乙二醛类)、聚乙烯醇等。二氧化碳亦可与水玻璃溶液在被灌体内生成硅酸凝胶。

灌浆用水玻璃模数在 2.4~3.4 之间为宜，水玻璃溶液的浓度在 35~45°Bé 为宜。

水玻璃类浆材主要特点及性能：

(1)胶凝时间从瞬间至 24h 不等。

(2)固砂体强度可达 6MPa。

(3)黏度从 $1.2 \sim 200 \times 10^{-3} Pa \cdot s$。

(4)可灌性好，渗透系数可达 $10^{-6} \sim 10^{-5} cm/s$，可灌入 0.1mm 以上的细缝。

(5)毒副作用小，造价低。

2. 木质素类浆液

木质素类浆液由纸浆废液、胶凝剂和促凝剂等组成。木质素类浆液包括铬木素和硫木素浆液两种。铬木素浆液的固化剂是重铬酸钠。但重铬酸钠毒性大，难以大规模使用。硫木素浆液是在铬木素浆液的基础上发展起来的，采用过硫酸铵完全代替重铬酸钠，使之成为低毒、无毒木质素浆液，是一种很有发展前途的注浆材料。

木质素类浆液及胶凝体的主要性能、特点：

(1)木质素类浆液的黏度较小($(2 \sim 5) \times 10^{-3} Pa \cdot s$)，可灌性好，渗透系数为 $10^{-4} \sim 10^{-3} cm/s$ 的基础均可用木质素类浆液灌注。

(2)防渗性能好，用铬木素浆液处理后的基础，其渗透系数可达 $10^{-8} \sim 10^{-7} cm/s$。

(3)浆液的胶凝时间可在数十秒至数十分钟之间调节。

(4)固沙体强度在 0.4MPa 以上。

(5)原料来源广，价格低廉。

3. 丙烯酰胺类浆液(丙凝浆液)

丙烯酰胺类浆液，国内又称丙凝浆液，是以丙烯酰胺为主剂，和其他交联剂、促凝剂和引发剂等材料所组成的。常用的交联剂为 $N\text{-}N'$-亚甲基双丙烯酰胺(简称 M)，引发剂为过硫酸铵 $[(NH_4)_2S_2O_8]$，常用的促凝剂有 β-二甲基丙腈 $[(CH_3)_2 NCH_2NCH_2CN]$ 和三乙醇胺 $[N(C_2H_4OH)_3]$，缓凝剂一般用铁氰化钾(简称 KF)。

丙烯酰胺类浆液及凝胶体的主要特点：

(1)浆液黏度小。与水接近，常温标准浓度下黏度为$1.2\times10^{-3}Pa\cdot s$。

(2)可灌性良好，浆液能渗入粒径小于$0.01mm$的土层或渗透系数大于$10^{-4}cm/s$的被灌体。

(3)胶凝时间可准确地控制在数秒至数十分钟之间。因此，既可用于堵住大流量的集中涌水，也可用于细微裂隙的防渗处理。

(4)凝胶体的渗透系数为$10^{-10}\sim10^{-9}cm/s$，固砂体的渗透系数可达$10^{-8}cm/s$，可以认为是不透水的。

(5)凝胶体的抗压强度较低，为$0.2\sim0.8MPa$，在较大裂隙内的凝胶体易被挤出，因此仅用于防渗注浆。

(6)浆液及凝胶体的耐久性较差，且有一定毒性。

(7)丙烯酰胺类浆液价格较贵，材料来源也较少。

(8)丙烯酰胺类浆液与铁质易起化学作用，具有腐蚀性。

4. 丙烯酸盐类浆液

丙烯酸盐是由丙烯酸和金属组成的有机电解质。加入交联剂后就生成不溶于水的聚合物。丙烯酸盐类浆液是由一定浓度的单体、交联剂、引发剂、缓凝剂等组成的水溶液。常用的交联剂为N-N'-亚甲基双丙烯酰胺和$1,3,5$-三丙烯酰基六氢-均三嗪。丙烯酸盐常采用氧化还原引发体系，通过自由基聚合反应生成不溶于水的含水凝胶。

丙烯酸盐类浆液和凝胶体的主要性能：

(1)聚合反应开始前，黏度基本保持不变。聚合反应一旦开始，黏度急剧变化，具有很快达到最终凝胶的性能。

(2)浆液可灌性好，丙烯酸盐类浆液可浸润土粒，对地基内的微细孔隙有较好的可灌性。

(3)浆液胶凝时间可控制在数秒到数小时内。

(4)凝胶体的渗透系数为$10^{-10}\sim10^{-7}cm/s$，固砂体的渗透系数为$10^{-8}\sim10^{-5}cm/s$。

(5)固砂体抗压强度为$0.3\sim1MPa$。

5. 聚氨酯类浆液

聚氨酯类浆液分为非水溶性聚氨酯类浆液(简称PM)和水溶性聚氨酯类浆液(简称SPM)。

(1)非水溶性聚氨酯类：是由多异氰酸酯和多羟基化合物聚合而成。不溶于水，只溶于有机溶剂中。非水溶性聚氨酯类浆液和凝胶体的主要性能如下：

① 浆液相对密度为 1.036~1.125，是非水溶性的，遇水开始反应，因此不易被地下水冲稀，可用于动水条件下堵漏，封堵各种形式的地下、地面及管道漏水，止水效果好。

② 浆液遇水反应时，放出 CO_2 气体，使浆液产生膨胀，向四周渗透扩散，直到反应结束时为止。由于膨胀而产生了二次扩散现象，因而有较大的扩散半径和凝固体积比。

③ 浆液黏度低，可注性能好，可与水泥注浆相结合；采用单液系统注浆，工艺设备简单。

④ 固砂体抗压强度高，一般在 0.6~1MPa，其凝胶体抗压强度可达 3MPa，有时可作为补强材料。

⑤ 抗渗性能好，渗透系数可达 $10^{-8} \sim 10^{-6}$ cm/s。

⑥ 浆液遇水开始反应，所以受外部水或水蒸气影响较大，在存放或施工时应防止外部水进入浆液中。

⑦ 不污染环境。

⑧ 注浆后，管道、设备需用丙酮、二甲苯等溶剂清洗。

(2) 水溶性聚氨酯类：水溶性聚氨酯类浆液是由预聚体和其他外加剂所组成的。与 PM 的主要区别在于，SPM 所用的聚醚是环氧乙烷聚合物，而 PM 所用的聚醚是环氧丙烷聚合物，前者具有亲水性。

水溶性聚氨酯类浆液与凝胶体的主要性能和特点：

① 浆液能均匀地分散或溶解在大量水中，凝胶后形成包有大量水的弹性体。

② 浆液相对密度为 1.10，黏度为 0.1Pa·s 左右。

③ 凝胶时间在数秒到数十分钟内可调。

④ 固砂体抗压强度为 0.1~5MPa，凝胶体强度可达 2MPa。

⑤ 可用于水工建筑物及地下工程的防渗堵漏。

6. 环氧树脂类浆液

环氧树脂具有强度高、黏结力强、收缩小、化学稳定性好等特点。环氯树脂的黏结力和内聚力均大于混凝土，因此对于恢复结构的整体性，能起很好的作用。但其浆液黏度大、可注性小、憎水性强、与潮湿裂缝黏结力差。

7. 甲基丙烯酸酯类浆液（甲凝）

甲基丙烯酸酯类浆液是一种化学补强灌浆材料。其浆液和凝胶体的主要性能特点如下：

(1)黏度低，在25℃时仅为5.7×10^{-4}Pa·s。

(2)可灌性好，可注入0.05mm的细微裂缝。在0.2~0.3MPa压力下，浆液可渗入混凝土内4~6cm。

(3)聚合后的强度和黏结力较高。

(4)甲凝为憎水材料，液态时怕水，在注浆前，必须用风吹干裂缝和在浆液内加入一定的阻聚剂等。

8. 脲醛树脂类浆液

脲醛树脂类浆液是以脲醛树脂或脲-甲醛为主剂，加入一定量的酸性固化剂所组成的浆液。脲醛树脂类浆液有脲醛树脂浆液、脲-甲醛浆液、改性脲醛树脂浆液。

脲醛树脂类浆液的主要特点：

(1)黏度低，在10^{-3}Pa·s范围内。可实现单液或双液注浆。

(2)凝胶时间在十几秒到数十分钟内可调。

(3)抗压强度在4~8MPa之间。

(4)固砂体抗渗系数为$10^{-5} \sim 10^{-4}$cm/s。

9. 丙强浆液

丙强浆液是在丙凝浆液基础上发展起来的，主要是以丙凝与脲醛树脂作为注浆材料的一种化学注浆浆液。

丙强浆液的主要性能特点：

(1)浆液相对密度为1.19~1.20。

(2)浆液黏度为$(5 \sim 6) \times 10^{-3}$Pa·s。

(3)胶凝时间在数分钟到数小时内可调。

(4)固砂体渗透系数可达10^{-8}cm/s，抗压强度可达0.17MPa。

4.3.3 复合灌浆材料

4.3.3.1 复合灌浆材料的由来及目的

复合灌浆材料，实际上是多种灌浆材料组合使用，其目的是利用各自材料的优点，回避其材料的缺陷，以达到工程的设计标准，如：满足工程要求的防渗标准、设计强度、耐久性等指标。目前在水利工程中的应用已相当普遍。比较常用的复合灌浆材料多为水泥灌浆材料与化学灌浆材料的组合，基本原理为：对于大的缝隙、裂缝、孔隙，运用水泥材料充填，满足其强度要求、抗渗性要求；但在许多工程实践中，通过常规灌浆法并不能达到工程要求的性能，如抗渗性能。水泥灌浆材料对于细缝(缝隙宽度小于 0.1mm)的灌浆效果有限，但细缝的透水性仍然较强，若采用可灌性更好的溶液型的化学灌浆材料可以解决此类问题。但化学灌浆材料的价格一般较贵，以吨计量，一般为水泥灌浆材料价格的 100~200 倍，考虑到工程的经济性问题，多采用复合灌浆法来解决。

4.3.3.2　复合灌浆材料在岩溶地区的典型运用

以江垭工程为例说明复合灌浆材料的运用及其效果。

1. 工程概况

江垭大坝位于澧水支流溇水中游，地处湖南省慈利县江垭镇境内。大坝为全断面碾压混凝土重力坝，最大坝高 131m。坝基为层状灰岩透水岩体，为降低坝基扬压力，防止基岩中产生危害性渗漏及剪切带中泥化夹层、溶洞充填物的渗流破坏，设计采用了灌浆帷幕与排水相结合的坝基渗流控制措施。

2. 防渗帷幕存在的缺陷

江垭大坝 7#、8# 坝段建基面高程 120m，基岩 90~105m 高程范围内存在 K202、K201 层间溶蚀带及 F_{26} 断层，岩体中节理裂隙发育，岩石较破碎。同时溶蚀带内充填砂砾夹泥，其中黏粒含量 30% 左右。基岩经过三排高压水泥灌浆和一排超细水泥补强灌浆后，尽管构造面得到灌注和充填，但普通水泥浆材对细微裂隙、陡倾角裂隙、夹泥含砂带、半封闭的蜂窝状溶蚀等构造的灌浆效果不够理想；且超细水泥补强灌浆时大坝已蓄水，上游水位最大时达 210m 高程，地质条件及边界条件比较复杂。灌后的检查结果表明，4 个检查孔共进行压水检查 26 段，透水率大于设计标准 1Lu 的段次共计 5 段，占此部位压水检查总段数的 19%，其最大值为 3.7Lu；不合格段集中于 K20、K201 部位，且存在涌水和涌水压力，检查孔涌水量一般为 2~7L/min，最大值 9L/min，涌水压力一般为 0.11~0.18MPa，最大值 0.34MPa。压水检查成果详见表 4-23。

表 4-23　高压水泥灌浆与超细水泥补灌后的压水检查成果(仅列超标孔段)

检查孔孔号	孔深(m)	透水率(Lu)	涌水量(L/min)	涌水压力(MPa)
BL7 检-1	20.5~25.5	3.6	3.8	0.07
BL7 检-2	20.0~25.0	3.7	2.8	0.08
BL7 检-2	0.0~33.0		7.0	0.34
BL8 检-1	28.5~33.5	2.9	7.0	0.17
BL8 检-1	33.0~38.0	3.0	6.0	0.18
BL8 检-2	34.2~40.0	2.7	9.0	0.18

3. 防渗帷幕缺陷处理措施

从表 4-23 中可以看出 7#、8# 坝段的帷幕仍不能满足大坝设计防渗标准(1Lu)要求。针对该部位地质条件复杂、溶蚀发育、灌段内透水不吸浆且处理难度大的特点,同时为节约灌浆材料、降低灌浆成本,采用细度更好的改性水泥与化学材料复合灌浆方法进行补强处理。

4. 改性水泥补强灌浆

在 7#、8# 坝段布置一排改性水泥补强灌浆孔,共 40 个,顺帷幕轴线,孔距 2.0m,孔深 30~40m,顶角 0°。灌浆方法采用"小口径孔、孔口封闭、孔内循环、自上而下分段、高压灌浆法",最大灌浆压力 4.0MPa。灌浆水泥采用荆门水泥厂生产的 625# 改性水泥(相当于超细水泥)。针对透水率超标、涌水量较大的 K202、K201 进行补强灌浆,分 2 序施工。改性水泥补强灌浆于 2001 年 3 月开工,施工过程中,库水位在 200~210m 高程,各孔均存在不同程度的涌水,105m 高程以下各段次全部有涌水,且涌水量较大,压力也较高,但单位水泥注入量普遍较小,在施灌中先在设计压力下灌至正常结束,改用 0.5∶1 的浓浆置换出孔内浆液并保持压力不变,屏浆 2h,再闭浆待凝 12~24h。处理后补灌孔的涌水量有所减少,但不够明显。至 2001 年 6 月施工检查完毕,共完成改性水泥补强灌浆孔 40 个,钻灌 1450.0m,灌入水泥 12.93t。Ⅰ序孔单位水泥注入量为 26.4kg/m,Ⅱ序孔单位水泥注入量 10.0kg/m。Ⅰ、Ⅱ序孔单位水泥注入量递减规律明显,但可灌性一般。改性水泥灌浆完毕后在此部位布置 3 个检查孔,共进行压水检查 20 段,有 3 段透水率超标,不合格孔段率达 15%,压水检查成果详见表 4-24。透水率超标的段均位于 3 个检查孔的倒数第二段。以岩芯芯样结合地质剖面图分析,正好对应于 K202 层间溶蚀及其影响带范围内。

表 4-24　改性水泥补强灌浆后检查孔压水检查成果(仅列超标孔段)

检查孔孔号	孔深(m)	透水率(Lu)	涌水量(L/min)	涌水压力(MPa)
BL7 改检-1	22.0~27.0	1.8	2.9	0.13
BL8 改检-1	27.0~32.0	1.7	4.1	0.23
BL8 改检-2	30.0~35.0	5.1	12.0	0.35

5. 化学材料补强灌浆

改性水泥补强灌浆后通过检查孔压水试验发现沿 K202 溶蚀带及上下影响带内岩体透水率仍不能满足设计要求。灌浆过程中出现透水不吸浆、浆液失水回浓现象,表明改性水泥浆材的颗粒细度仍然不足以填充细微节理裂隙,且补强灌浆时已蓄水,上游水位在 200~210m 高程,水泥颗粒在渗流场的作用下部分被带走,难以形成连续幕体。决定在此基础上进行化学灌浆。在此部位又布置一排化学材料补强灌浆孔,共 40个,针对 K202 部位进行补强灌浆,轴线同改性水泥补灌孔,分 2 序施工,孔距 2.0m,孔深 22~34m,以进入 K202 溶蚀带及其影响带为原则。灌段长度一般为 5m,在个别孔段根据地质条件灌段长度有所加大。

(1)施工方法:为减少孔容占浆,采用孔内预埋栓塞纯压式灌浆法,补灌段以上钻孔孔径为 75mm,通过岩芯素描判断已进入补灌段时变径为 60mm,继续钻进至终孔。在变径处预埋胶塞并置入进、回浆管,胶塞以上采用水泥砂浆填满,确认管路通畅待凝 7d 后具备灌浆条件。

(2)灌浆材料:化学灌浆材料为 CW 系列灌浆材料,其主要成分为环氧树脂(主剂)、水下固化剂、反应型稀释剂和表面活性剂,浆液随用随配,以保持浆液低黏度性能,保证灌浆效果,节约浆材。施工中采用的 CW 化学灌浆材料配比主要有三种,见表 4-25。其初始黏度为 10~170mPa·s(20℃),胶凝时间 32~62h,聚合物抗渗标号>3MPa,各项指标均能满足防渗帷幕的要求,且具备深水和动水条件下固化性能。

(3)化学灌浆:采用高压自动化灌浆泵进行灌注,灌浆设计压力 3MPa。结束标准为达到设计压力条件下注入率≤0.01kg/min 或单位注入量达到 150kg/m。灌浆后分两个阶段待凝:

第一阶段为有压待凝,即按照 0.4MPa/3h 压力降压至 1MPa;第二阶段为孔口封闭进行无压待凝。在灌浆过程中遇特殊情况,如正常压力下吸浆量突然增大、压力下降、浆液扩散半径加大或发生劈裂效应进入新的结构面等现象,则采取更换黏度大一级的化学灌浆材料配比、间歇灌注或定量灌注等方法处理。

表 4-25 CW 系列化学灌浆材料配比

配比编号	环氧基液（A）	稀释剂（C）	固化剂（B）
1	160	30	30
2	160	10	32
3	160	0	35

7#、8# 坝段针对 K202 溶蚀带的化学材料补强灌浆孔共完成 40 个，钻孔深 1193.5m，累计灌段长度 211.1m，灌入 CW 化学灌浆材料 17602.3kg，平均单位注入量 83.4kg/m，各序孔单位注入量统计见表 4-26。从施工情况及统计资料表明，7#、8# 坝段坝基 K202 溶蚀带化学浆材单位注入量普遍较大。

Ⅰ序孔 105.1kg/m，Ⅱ序孔 59.3kg/m，分序加密后单位注入量明显减少，Ⅱ序孔较Ⅰ序孔降低 44%，递减规律明显，表明连通性好的节理裂隙、溶隙、溶缝得到有效灌注；同时从钻孔取芯情况来看，K202 溶蚀及其影响带岩芯破碎，透水性裂隙极为发育，且 CW 化学灌浆材料具有良好的可灌性，使该部位岩体的防渗缺陷得到有效补强。

表 4-26 7#、8# 坝段坝基 K202 溶蚀带化学灌浆成果表

孔序	孔数（个）	灌浆长度（m）	基岩注入量(kg)	单位注入量(kg/m)	压水试段（段）	透水率（Lu）区间（段）		
						<1	1~5	>5
Ⅰ	20	111.1	11671.8	105.1				
Ⅱ	20	100.0	5930.5	59.3	20	7	11	2

6. 补强灌浆效果分析

化学灌浆材料补强灌浆完毕后布置了 5 个检查孔，针对 K202 溶蚀带进行压水检查，其成果详见表 4-27。

表 4-27　化学材料补强灌浆后检查孔压水检查成果

检查孔孔号	孔深（m）	透水率（Lu）	涌水量（L/min）	涌水压力（MPa）
化检-1	20~25	0.62	0.7	0.18
化检-2	24~29	0.48	0.65	0.16
化检-3	28~33	0.37	1.6	0.19
化检-4	29~34	0.34	0.9	0.18
化检-5	29~34	0.17	0.7	0.16

（1）从透水率分析：改性水泥补强灌浆后局部地质缺陷部位透水率超标，经化学灌浆后此部位透水率均<1Lu，满足设计要求。

（2）从涌水情况分析：施工过程中，各次序孔在开灌之前均进行了涌水量观测，统计数据表明，Ⅰ序孔平均涌水量 7.4L/min，Ⅱ序孔平均涌水量 4.1L/min，检查孔平均涌水量 0.9L/min。这说明随孔序加密，地质缺陷部位的节理裂隙逐渐被化学灌浆材料充填胶结，帷幕已经形成，孔内涌水量逐渐减少。

（3）从取芯芯样分析：在Ⅱ序孔及检查孔芯样中均发现化学灌浆材料结石，呈橙红色，且胶结良好，被充填的裂隙有溶蚀裂隙、方解石劈裂缝隙、层面节理等。同时证明 CW 化学灌浆材料具有良好的施工性能，水下及动水条件下固化能力较强，可满足较高涌水压力、较大涌水流量情况下的地基防渗处理，在江垭大坝坝基防渗帷幕缺陷处理中取得明显成效。

4.4　本章小结

（1）岩溶地区的防渗帷幕设计应根据工程特点确定合适的防渗标准，根据地层地质条件确定防渗帷幕线路端点和帷幕底线，根据帷幕承受的作用水头选择合适的帷幕排数、排距和灌浆孔间距等结构参数，并通过必要的渗流计算进行模拟验证。

（2）岩溶地区帷幕灌浆质量的影响因素除了地质条件，还包括灌浆段长、灌浆压力、钻孔冲洗、特殊情况处理等施工工艺。对于重要工程或地质条件复杂的工程，需要选择合适的场地开展现场灌浆试验或室内试验，进行先期研究。

（3）岩溶地区帷幕灌浆所使用的材料除了水泥浆液（包括普通水泥和超细水泥等），还经常使用高分子化学材料以及水泥+化学浆液的复合灌浆材料，具体的灌浆方法、灌浆效果均需要结合具体的地质条件进行分析、确定。

第5章 岩溶帷幕灌浆效果及耐久性评价

为了了解岩溶地区防渗帷幕的质量，通常通过两种方式进行评价：一是通过压水检查分析帷幕灌浆的施工质量；二是通过帷幕灌浆材料的析出比例来分析预测帷幕的耐久性寿命。

目前的研究成果更多局限于单因素对帷幕灌浆效果的影响，未能建立考虑多因素评价体系的帷幕灌浆效果定量评价模型。显然，单一依靠压水检查进行评价的方法不能全面、直接地体现灌后岩体的完整性及岩溶处理效果。为了便于利用不同的检测结果进行帷幕灌浆施工质量评价，本书提出基于模糊综合评价法的岩溶地区帷幕灌浆效果评价模型，从检查孔压水试验透水率、检查孔岩芯采取率和岩溶封堵程度三个方面对灌浆效果进行综合评价、初步研究，其他检测数据可以根据需要利用本模型进行扩充。其中，检查孔压水试验透水率是现行评价帷幕灌浆效果指标；检查孔岩芯采取率是反映灌后岩体裂隙发育情况和破碎程度的重要指标，在实际应用中也常用来表示渗透性[80]；岩溶封堵程度主要反映水泥浆液对溶洞、溶缝、溶腔的填充效果，侧重评价帷幕灌浆对岩溶处理效果，是对岩溶帷幕灌浆效果最直接的反馈。

帷幕耐久性一般并不作为评价帷幕灌浆质量的评定依据，但是我国大量的水库工程已经运行服役40年以上，面临工程正常使用寿命评价的问题，帷幕作为一种隐蔽工程，其耐久性使用寿命评价分析具有重要的现实意义，但目前针对该问题开展的研究并不多。原因在于，影响帷幕耐久性的因素较多且复杂，主要有地下水腐蚀性、温度、地下水交换程度与方式等，岩溶即为重要因素之一。仅有丹江口、大岗山等少数工程对帷幕的耐久性使用寿命开展了研究，其中对丹江口帷幕耐久性结合南水北调丹江口大坝加高工程开展了较为深入、细致的研究。本书以丹江口工程为例对该问题的研究成果进行介绍。

5.1 灌浆效果评价模型的建立

模糊综合评价法[81-85]是一种基于模糊数学的综合评价方法。该综合评价法根据模糊数学的隶属度理论把定性评价转化为定量评价，即用模糊数学对受到多种因素制约的事物或对象作出一个总体的评价。它具有结果清晰、系统性强的特点，能较好地解决模糊的、难以量化的问题，适合各种非确定性问题的解决。

在实际灌浆工程中，灌浆效果的好坏从一定程度上来说也是定性的评价，其受到多个因素的影响，检查孔压水试验透水率可有效地反映了该段岩体整体透水性情况。但岩体的岩溶封堵程度、岩体的完整性是否得到有效的提高，压水试验无法直接反映。因此，本书提出基于模糊综合评价方法的灌浆效果评价方法，在考虑检查孔压水试验透水率、检查孔岩芯采取率和岩溶封堵程度三个因素的同时，将对灌浆效果的定性评价转化为定量评价。

5.1.1　确定评价因素和评价集

1. 评价因素

评价因素[86-89]是指影响对一个事物作出评价的指标，即从哪些角度和方面来评价被评价对象，所有评价因素组成的集合叫作因素集 U，可表示为：

$$U = \{U_i\} = \{u_1, u_2, \cdots, u_m\} \tag{5-1}$$

式中，集合元素 U_i 代表第 i 个评价元素；m 代表评价因素集元素的个数。

对于灌浆效果评价模型，其评价因素可分为以下 4 类：

（1）岩体透水性：检查孔压水试验透水率等。

（2）岩体完整性：检查孔岩芯采取率、岩体 RQD 值、声波值和岩溶封堵程度等。

（3）防渗帷幕耐久性指标。

（4）防渗帷幕渗流指标：幕前幕后渗压值、渗漏量等。

综合考虑上述指标的可得性，本书选择"检查孔压水试验透水率""检查孔岩芯采取率"和"岩溶封堵程度"三个指标作为灌浆效果评价模型评价因素，评价因素集可用式（5-2）表达：

$$U = \{U_i\} = \{u_1, u_2, u_3\} \tag{5-2}$$

式中，u_1 为检查孔压水试验透水率（Lu）；u_2 为检查孔岩芯采取率（%）；u_3 为岩溶封堵程度（%）。

2. 评价集

评价集 V 是指由对评判对象可能作出的评判结果（评价等级）所组成的集合，可由式（5-3）表示：

$$V = \{V_j\} = \{v_1,\ v_2,\ \cdots,\ v_n\} \tag{5-3}$$

式中，集合元素 V_j 代表第 j 个可能评价结果；n 代表评价结果的个数。对于灌浆效果评价模型；评价集共包括 5 个等级，可用式 (5-4) 表达：

$$V = \{V_j\} = \{v_1,\ v_2,\ v_3,\ v_4,\ v_5\} \tag{5-4}$$

式中，v_1 为评价等级为好；v_2 为评价等级为良好；v_3 为评价等级为一般；v_4 为评价等级为差；v_5 为评价等级很差。

5.1.2　构造评价矩阵

评价矩阵构造是指评价因素集 U 和评价集 V 之间隶属度（可能性程度）的确定，即确定指标集 U 中的因素 $U_i(i = 1,\ 2,\ \cdots,\ m)$ 对评价集 V 中的因素 $V_j(j = 1,\ 2,\ \cdots,\ n)$ 的隶属度 r_{ij}，因此 m 个评价因素与 n 个评级等级的评价矩阵可用式 (5-5) 表达：

$$R = \begin{pmatrix} R_1 \\ R_2 \\ \vdots \\ R_m \end{pmatrix} = \begin{pmatrix} r_{11} & r_{12} & \cdots & r_{1n} \\ r_{21} & r_{22} & \cdots & r_{2n} \\ \vdots & \vdots & & \vdots \\ r_{m1} & r_{m2} & \cdots & r_{mn} \end{pmatrix} \tag{5-5}$$

评价矩阵 R 表示了从因素集 U 到评价集 V 的模糊关系，针对灌浆效果评价模型的评价矩阵 R 可用式 (5-6) 表达：

$$R = \begin{pmatrix} R_1 \\ R_2 \\ R_3 \end{pmatrix} = \begin{pmatrix} r_{11} & r_{12} & r_{13} & r_{14} & r_{15} \\ r_{21} & r_{22} & r_{23} & r_{24} & r_{25} \\ r_{31} & r_{32} & r_{33} & r_{34} & r_{35} \end{pmatrix} \tag{5-6}$$

对灌浆效果评价模型的评价矩阵 R 中的元素进行解释：r_{11} 代表检查孔压水试验透水率对评价等级为好的隶属度，也就是透水率对最终评价等级为好的可能性程度。同理，r_{35} 代表岩溶封堵程度对评价等级为很差的隶属度，其他的元素意义以此类推。隶属度的计算可通过评级因素值在各评价等级所占的频率确定。

5.1.3　评价指标的权系数向量

评价矩阵建立了因素集 U 到评价集 V 的模糊关系，但是尚不足以对事物作出全面完整的评价。这主要是因为在评价一个事物时，因素集 U 中的各因素对评价结果有不同的作用和地位，即各评价因素在综合评价中所占的权重不同。因此，引入因素集 U 上的一个模糊子集 A，称为权重或权数分配集，即权系数向量，可表示为：

$$A = \{A_i\} = \{a_1,\ a_2,\ \cdots,\ a_m\} \tag{5-7}$$

式中，a_i 代表因素集 U 第 i 个评价元素在综合评价中的权重，其大小由该元素对于综合评价的重要程度确定，并且模糊子集 A 满足归一化条件，即必须满足式(5-8)：

$$\sum_{i=1}^{m} a_i = 1 \tag{5-8}$$

对于灌浆效果评价模型，权系数向量 A 共包括因素集 U 中的3个元素的权重，可用式(5-9) 表达：

$$A = \{A_i\} = \{a_1,\ a_2,\ a_3\} \tag{5-9}$$

式中，a_1 为检查孔压水试验透水率的权重值；a_2 为检查孔岩芯采取率的权重值；a_3 为岩溶封堵程度的权重。权系数的确定一方面可以根据人的主观进行判断，也可以通过数学方法计算得到，本书通过层次分析法对权重值进行计算。

5.1.4　评价指标权重的确定

层次分析法(AHP)是一种定性与定量分析相结合的多准则决策方法，把人的思维过程层次化、数量化，对复杂决策问题的本质、影响因素以及内在关系等进行深入分析，使很多不确定因素降低了一定程度，构建一个层次结构模型，通过两两因素比较的方式确定层次中各指标的相对重要性，然后综合人们的判断以决定各评价指标的相对重要性排序。通过层次分析法确定灌浆效果评价模型的各元素的权重包括 6 个步骤：

(1)分析系统中各因素之间的关系，构造包含目标层、准则层、方案层的层次结构模型；

(2)对同一层次的各元素关于上一层次中某一准则的重要性进行两两比较，建立比较判断矩阵；

(3)对各矩阵进行权重赋值；

(4)对判断矩阵进行一致性检验；

(5)各层次权重单排序；

(6)确定最终的权重向量。

对于灌浆效果评价模型具体如下：

(1)分析系统中各因素之间的关系，构造包含目标层、准则层、方案层的层次结构模型。其中，目标层为：灌浆效果评价。准则层包括：岩体的渗透性和完整性。方案层包括：检查孔压水试验透水率、检查孔岩芯采取率值和岩溶封堵程度，如图 5-1 所示。

(2)对同一层次的各元素关于上一层次中某一准则的重要性进行两两比较，建立比较判断矩阵。因此，对于上述建立的层级结构模型，灌浆效果评价模型需建立 3 个

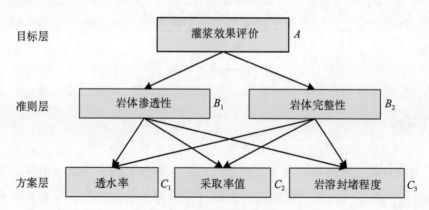

图 5-1　灌浆效果评价层次结构模型

判断矩阵：即准则层对目标层的判断矩阵 A，方案层对准则层两个选项的判断矩阵 B_1、B_2，如表 5-1~表 5-3 所示。

表 5-1　A 判断矩阵

A（灌浆效果评价）	B_1（岩体渗透性）	B_2（岩体完整性）	特征向量
B_1（岩体渗透性）	x_{11}	x_{12}	λ_1
B_2（岩体完整性）	x_{21}	x_{22}	λ_2

表 5-2　B_1 判断矩阵

B_1（岩体渗透性）	C_1（透水率）	C_2（采取率）	C_3（岩溶封堵程度）	特征向量
C_1（透水率）	y_{11}	y_{12}	y_{13}	λ_1
C_2（采取率）	y_{21}	y_{22}	y_{23}	λ_2
C_3（岩溶封堵程度）	y_{31}	y_{32}	y_{33}	λ_3

表 5-3　B_2 判断矩阵

B_2（岩体完整性）	C_1（透水率）	C_2（采取率）	C_3（岩溶封堵程度）	特征向量
C_1（透水率）	z_{11}	z_{12}	z_{13}	λ_1
C_2（采取率）	z_{21}	z_{22}	z_{23}	λ_2
C_3（岩溶封堵程度）	z_{31}	z_{32}	z_{33}	λ_3

其中，x_{ij}、y_{ij}、z_{ij} 分别代表第 i 行因素相对于第 j 列元素对评价等级的重要性：若其大于 1，则表明第 i 行因素更重要；若其小于 1，则表明第 j 列元素更重要；若其等于1，则表明两者重要性相同。λ_1、λ_2、λ_3 分别为矩阵的最大特征值，从上述分析不难得出判断矩阵 A、B_1、B_2 的元素满足式(5-10)，在矩阵论角度，称之为正互反矩阵。

$$\begin{cases} x_{ij} = 1;\ y_{ij} = 1;\ z_{ij} = 1 \quad (i = j) \\ x_{ij} \cdot x_{ji} = 1;\ y_{ij} \cdot y_{ji} = 1;\ z_{ij} \cdot z_{ji} = 1 \quad (i \neq j) \end{cases} \tag{5-10}$$

(3) 各矩阵进行权重赋值：针对矩阵的权重赋值，采用 1 ~ 9 标度法，即对矩阵的 A、B_1、B_2 的各元素按重要程度分别赋予 1 到 9 的自然数，表 5-4 列出因素 i 与 j 的重要程度与权重赋值的关系。

表 5-4　重要性与权重的关系

重要性关系	权重值
i 因素比 j 因素一样重要	1
i 因素比 j 因素稍微重要	3
i 因素比 j 因素明显重要	5
i 因素比 j 因素重要得多	7
i 因素比 j 因素极端重要	9
i 因素比 j 因素重要性在两个判断尺度中间	2, 4, 6, 8

(4) 对判断矩阵进行一致性检验：是指对评价因素的权重一致性的验证，即权重赋值保证各评价因素的重要性顺序保持一致，比如 i 因素比 j 因素重要，j 因素比 k 因素重要，那么必须保证 i 因素比 k 因素重要，因此需要对判断矩阵进行一致性验证。

根据矩阵理论，一个 n 阶正互反矩阵 A 为一致性矩阵的条件为：当且仅当其最大特征值 $\lambda_{\max} = n$；当 $\lambda_{\max} > n$ 时，则说明矩阵 A 在一致性上存在误差，并且 $\lambda_{\max} - n$ 的差值越大，则一致性的误差越大。因此，可以通过该手段验证矩阵 A 是否为一致性矩阵。在层次分析法中引入一致性判断指标 CI[90, 91]，见式(5-11)，当 $\lambda_{\max}$ 略大于 n，判断矩阵具有较为满意的一致性，那么由此得到的权重向量满足实际要求。随着矩阵 A 阶数的增加，其对应 CI 值越大，为了判断各阶矩阵的一致性情况，引入矩阵平均随机一致性指标 RI[92-94]，如表 5-5 所示：

$$\mathrm{CI} = \frac{\lambda_{\max} - n}{n - 1} \tag{5-11}$$

表 5-5 RI 值与矩阵阶数的对应关系

n	1	2	3	4	5	6	7	8	9
RI	0	0	0.58	0.90	1.12	1.24	1.32	1.41	1.45

表5-5列出了1到9阶矩阵的RI值。从表中可知，对于1、2阶矩阵在一定程度上具有完全一致性，当矩阵阶数大于2时，判断矩阵的一致性指标CI与同阶平均随机一致性指标RI之比，称为随机一致性比率，记为CR：

$$CR = \frac{CI}{RI} \tag{5-12}$$

当CR<0.1时，即认定判断矩阵具有满意的一致性，否则就需要进一步调整判断矩阵，使之具有满意的一致性。

（5）根据矩阵计算被比较的各元素对于上一层准则而言，本层次与之关联的各元素的重要性次序的权值，即层次单排序。理论上讲，层次单排序问题可归结为如何计算判断矩阵的最大特征值及其特征向量。计算矩阵最大特征根及其特征向量的计算步骤如下：

①计算矩阵每一行元素的乘积 M_i：

$$M_i = \prod_{j=1}^{n} a_{ij}, \quad i = 1, 2, \cdots, n \tag{5-13}$$

②计算 M_i 的 n 次方根 $\overline{W}_i$：

$$\overline{W}_i = \sqrt[n]{M_i} \tag{5-14}$$

③将向量 $\overline{W} = (\overline{W}_1, \overline{W}_2, \cdots, \overline{W}_n)^T$ 正规化：

$$W_i = \frac{\overline{M_i}}{\sum_{j=1}^{n} \overline{M_j}} \tag{5-15}$$

通过上述计算得到的判断矩阵获得 A、B_1、B_2 对应的所求特征向量 $W_A = (W_1, W_2, \cdots, W_n)^T$，$W_{B1} = (W_1, W_2, \cdots, W_n)^T$，$W_{B2} = (W_1, W_2, \cdots, W_n)^T$。

（6）计算各层要素对系统总目标的合成权重，并对方案层中的各元素进行层次总排序及一致性检验。最后权系数向量 A，见式(5-16)：

$$A = (W_{B1} \quad W_{B2}) W_A \tag{5-16}$$

5.1.5 确定模糊合成算子

评价矩阵 R 和权系数向量 A 通过一定的模糊变换，即可获取最终的模糊综合评价

结果向量 B(决策集)，如式(5-17) 所示。

$$B = A * R \qquad (5\text{-}17)$$

式中，符号"$*$"称为合成算子符号，为了让每一个评价指标都对综合评价有所贡献，更客观地反映评价对象的全貌，合成算子可以选择普通矩阵乘法。

对于灌浆效果评价模型，通过上述分析可获得评价矩阵 R(3×5) 和权系数向量 A(1×3)，通过矩阵乘法运算，因此获得的综合评价集 B(1×5) 如式(5-18) 所示。

$$B = A \cdot R = \begin{pmatrix} a_1 & a_2 & a_3 \end{pmatrix} \begin{pmatrix} r_{11} & r_{12} & r_{13} & r_{14} & r_{15} \\ r_{21} & r_{22} & r_{23} & r_{24} & r_{25} \\ r_{31} & r_{32} & r_{33} & r_{34} & r_{35} \end{pmatrix} = \begin{pmatrix} b_1 & b_2 & b_3 & b_4 & b_5 \end{pmatrix} \quad (5\text{-}18)$$

式中，b_1 为评价等级为好的频率(可能性)，其他参数以此类推。

5.1.6　决策判断

决策集 B 是评价集 V 上的一个模糊子集，是对每个被评判对象综合状况分等级的程度描述，它不能直接用于被评判对象间的排序评优，必须经过更进一步的分析处理才能使用。一种方法是采用最大隶属度(可能性) 法来确定最终的评判结果，即把最大隶属度的评价相对应的评价等级取为评判结果；另一种方法可以将决策集 B 进行单值化处理，即对评价集中的每一等级指定一个分值，组成分值向量 C，如式(5-19)所示：

$$C = (c_1, c_2, \cdots, c_m)^{\mathrm{T}} \qquad (5\text{-}19)$$

这样由决策集 B 和分值向量 C 进行矩阵乘积计算，获取计算结果 p，这个数值反映了由等级模糊子集 B 和等价分值向量 C 所带来的综合信息，由这个数值可以对各对灌浆效果进行综合评价。

5.2　灌浆效果评价模型的求解及计算分析

5.2.1　求解流程

基于上述建立的灌浆效果评价模型，建立下述模型求解流程，如图 5-2 所示，具体包括确定评价因素集、评价集，构造评价矩阵、评价指标的权系数向量，确定评价指标权重，确定模糊合成算子以及最终的决策判断。

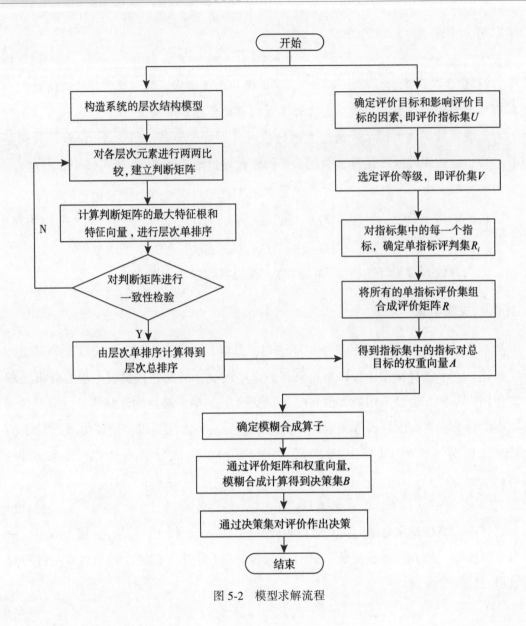

图 5-2　模型求解流程

5.2.2　边界条件及计算结果

本书选取了构皮滩水电站右岸高程 465m 灌浆平洞的帷幕检查孔作为模型边界条件，共包括 13 个帷幕灌浆检查孔，193 个段次，高程范围 350~465m，沿坝轴线的距离约为 403m，检查孔布置如图 5-3 所示。

1. 评价因素集和评价集

检查孔压水试验、岩芯照片及钻孔电视显示，构皮滩水电站右岸高程 465m 灌浆

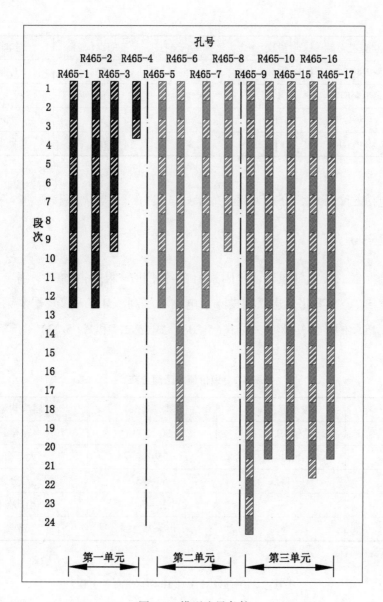

图 5-3　模型边界条件

平洞检查孔透水率值为 0.02~7.34Lu，检查孔采取率值为 54%~100%，岩溶封堵程度分为完全封堵、大部分封堵、部分封堵、小部分封堵和未封堵，部分数据见表 5-6。

表 5-6　评价因素集数值（部分数据）

工程部位	检查孔名称	段次	透水率（Lu）	采取率（%）	岩溶封堵程度
第一单元	R465-1	6	0.09	69	部分封堵
	R465-3	8	0.11	81	大部分封堵

续表

工程部位	检查孔名称	段次	透水率（Lu）	采取率（%）	岩溶封堵程度
第二单元	R465-6	14	0.15	85	大部分封堵
	R465-7	12	0.06	86	大部分封堵
第三单元	R465-10	1	2.1	58	部分封堵
	R465-16	1	7.34	91	大部分封堵

评价集包括 5 个等级，分别为灌浆效果好、良好、一般、差和很差。

2. 评价矩阵

评价矩阵元素的计算可通过评价因素值在各评价等级所占的频率确定，评价值的区间分布见表 5-7。基于此，建立构皮滩水电站右岸高程 465m 灌浆平洞第一单元、第二单元和第三单元的评价矩阵 R，见式（5-20）、式（5-21）和式（5-22）。

表 5-7　评价值的区间分布

区间值	透水率（Lu）	采取率（%）	岩溶封堵程度
1	0~0.1	90~100	完全封堵
2	0.1~1	75~90	大部分封堵
3	1~3	50~75	部分封堵
4	3~5	25~50	小部分封堵
5	>5	<25	未封堵

$$R_5 = \begin{pmatrix} 0.639 & 0.361 & 0.000 & 0.000 & 0.000 \\ 0.194 & 0.500 & 0.306 & 0.000 & 0.000 \\ 0.000 & 1.000 & 0.000 & 0.000 & 0.000 \end{pmatrix} \quad (5\text{-}20)$$

$$R_6 = \begin{pmatrix} 0.538 & 0.462 & 0.000 & 0.000 & 0.000 \\ 0.654 & 0.346 & 0.000 & 0.000 & 0.000 \\ 0.000 & 1.000 & 0.000 & 0.000 & 0.000 \end{pmatrix} \quad (5\text{-}21)$$

$$R_7 = \begin{pmatrix} 0.086 & 0.895 & 0.010 & 0.000 & 0.010 \\ 0.190 & 0.562 & 0.248 & 0.000 & 0.000 \\ 0.000 & 0.971 & 0.029 & 0.000 & 0.000 \end{pmatrix} \quad (5\text{-}22)$$

3. 评价指标权重

采用 1 ~ 9 标度法，结合实际专家经验对矩阵的 A、B_1、B_2 的各元素按重要程度分别赋予 1 到 9 的自然数，如表 5-8、表 5-9 和表 5-10 所示。

表 5-8　A 矩阵权重值

A（灌浆效果评价）	B_1（岩体渗透性）	B_2（岩体完整性）	特征向量
B_1（岩体渗透性）	1	2	0.8944
B_2（岩体完整性）	1/2	1	0.4472

表 5-9　B_1 矩阵权重值

B_1（岩体渗透性）	C_1（透水率）	C_2（采取率）	C_3（岩溶封堵程度）	特征向量
C_1（透水率）	1	5	3	0.9161
C_2（采取率）	1/5	1	1/3	0.1506
C_3（岩溶封堵程度）	1/3	3	1	0.3715

表 5-10　B_2 矩阵权重值

B_2（岩体完整性）	C_1（透水率）	C_2（采取率）	C_3（岩溶封堵程度）	特征向量
C_1（透水率）	1	1/5	1/5	0.1400
C_2（采取率）	5	1	1	0.7001
C_3（岩溶封堵程度）	5	1	1	0.7001

通过上述计算各判断矩阵的参数：对于 A 判断矩阵，$\lambda_{max} = 2$，CI = 0，CR = 0；对于 B_1 判断矩阵，$\lambda_{max} = 3.038$，CI = 0.019，CR = 0.033；对于 B_2 判断矩阵，$\lambda_{max} = 3$，CI = 0，CR = 0。从计算结果可以看出，上述三个矩阵都具有满意的一致性。进一步获得 A、B_1、B_2 对应的所求特征向量 $W_A = (0.67，0.33)^T$，$W_{B1} = (0.6370，0.1047，0.2583)^T$，$W_{B2} = (0.1666，0.4167，0.4157)^T$，并最终获取系数向量 $A = (0.482，0.208，0.310)^T$。

4. 评价结果向量决策集

通过上述分析得到评价矩阵 R 和权系数向量 A，进而采用矩阵乘法运算，获得构皮滩水电站右岸高程 465m 灌浆平洞第一单元、第二单元和第三单元综合评价集：

$$B_1 = (0.348,\ 0.588,\ 0.064,\ 0.000,\ 0.000)^{\mathrm{T}}$$

$$B_2 = (0.395,\ 0.605,\ 0.000,\ 0.000,\ 0.000)^{\mathrm{T}}$$

$$B_3 = (0.081,\ 0.850,\ 0.065,\ 0.000,\ 0.005)^{\mathrm{T}}$$

5. 决策判断

根据上述的计算结果，通过两种角度进行决策判断，分别为最大隶属度评价法和分值评价法。其中分值评价法中各评价因素，按照专家打分法对各评价指标的影响程度进行打分，即前一小节提到的分值向量 C，见表 5-11。

表 5-11　评价指标专家打分标准

透水率（Lu）	采取率（%）	岩溶封堵程度	专家打分标准（向量 C）
0~0.1	90~100	完全封堵	5
0.1~1	75~90	大部分封堵	4
1~3	50~75	部分封堵	3
3~5	25~50	小部分封堵	2
>5	<25	未封堵	1

根据上述计算，按最大隶属度评价法，第一单元、第二单元和第三单元的灌浆效果评价分数都为 4；按照分值评价法，其对应的灌浆效果评价分数分别为 4.28，4.40 和 4.00。

5.2.3　模型计算结果对比分析

通过上一节建立的灌浆效果评价模型（评价方法二），得到第一单元、第二单元和第三单元的灌浆效果评价值，分别为 4.28，4.40 和 4.00。同理可得，单一透水率评价方法（评价方法一）的灌浆效果评价值，分别为 4.64，4.54 和 4.06。两种评价方法的比较结果如图 5-4 所示。

从图 5-4 中的曲线对比可知，方法一评价值为 4.06~4.64，其对应的灌浆效果为良好—好；方法二评价值为 4.00~4.40，其对应的灌浆效果同样为良好—好，两种评价方法评价结果基本相当。

进一步分析，在 3 个单元灌浆效果评价值中，方法一评价值均高于方法二，差值

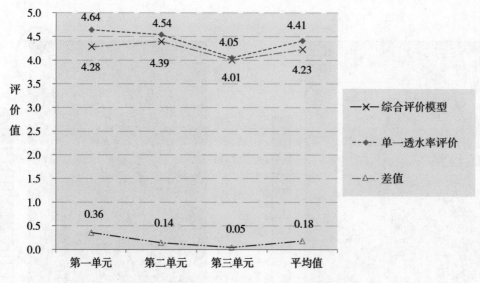

图 5-4　方法一与方法二灌浆效果评价结果对比

分别为 0.36、0.14 和 0.04。其原因为：方法一仅从透水率单一指标评价灌浆效果，方法二则综合考虑"检查孔压水试验透水率""检查孔岩芯采取率"和"岩溶封堵程度"三个指标对灌浆效果的影响。实际压水试验、岩芯照片和钻孔电视也揭示，虽然上述 3个单元岩体的透水率基本小于 1Lu，但是部分检查孔岩芯采取率较低，局部仍存在未被完全封堵的溶洞，因此方法二评价值低于方法一。

为进一步分析两种评价方法的差异，在上述计算结果的基础上，计算得到每个检查孔孔段的灌浆效果评价值，其对应的灌浆效果评价云图如图 5-5 所示。

从图 5-5 可得出以下结论：

(1)左图各工程部位灌浆效果评价值基本大于 4，右图评价值为 2.9~4.5，后者评价值更分散。其主要原因为：方法一采用单一评价指标，整个工程区域内检查孔透水率值基本小于 1Lu，平均值达到 0.3Lu，因此其评价值在 4 或 4 以上。方法二同时考虑了检查孔岩芯采取率和岩溶封堵程度，整个区域内检查孔岩芯采取率值为 54%~99%，部分区域岩芯采取率较低，岩溶整体封堵较好，但局部存在未完全封堵溶洞，因此其评价值分布在 2.9~4.5。方法二评价值低，但更科学、全面。

(2)左图 A 区域灌浆效果评价值≥4，右图对应区域评价值为 3~3.9。其原因为：虽然 A 区域岩体透水率小于 1Lu，但该区域检查孔 R465-10 岩芯采取率仅为 64%，采取率较低，岩体较为破碎。同时，钻孔电视显示检查孔 R465-10 在孔深 29.3~30.8m和 60.8~63.0m 处仍然存在没有被完全封堵的溶洞，所以 A 区域方法二评价值低于方法一。

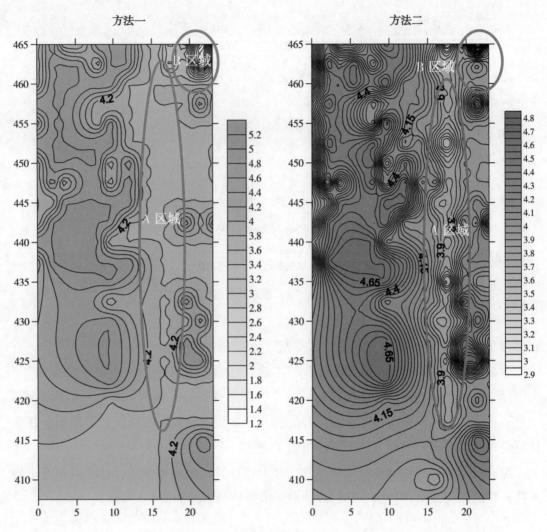

图 5-5　灌浆效果评价云图

（3）左图 B 区域分布两个灌浆效果评价值为 2~3 的区域，右图对应区域评价值则基本大于 4。其原因为：虽然 B 区域岩体透水率大于 1Lu，但该区域检查孔 R465-17 岩芯采取率达到 95%，钻孔电视显示该区域无未被封堵的溶洞，说明该区域的岩溶充填较好，灌后岩体完整性较好，灌浆取得了良好的效果，透水率较大可能是 B 区域为接触段造成的。

为了更好地对比分析两种方法的评价结果，绘制两种方法灌浆效果三维图（图 5-6）。从图 5-6 中可得出以下结论：

（1）图 5-6(a) 评价值三维图较为平坦，只有部分区域出现凸凹点，各区域的评价值相差不大。

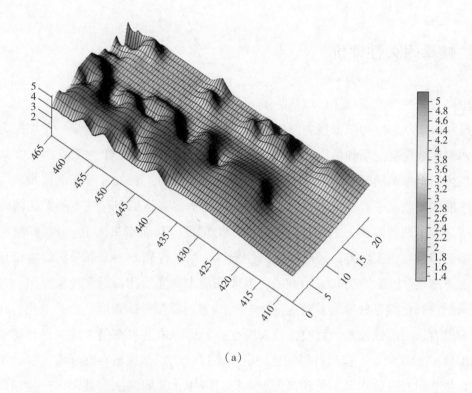

(a)

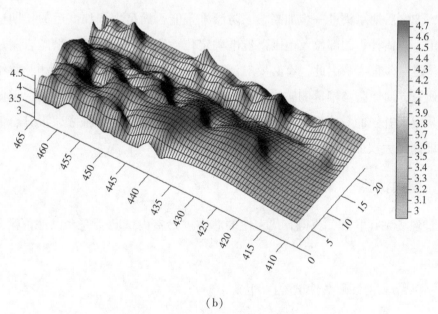

(b)

图 5-6 三维评价灌浆效果图

(2)图 5-6(b)三维图凸凹明显，各区域评价值相差较大。主要原因是方法二考虑了多因素对灌浆效果的综合影响，图 5-6(b)中的评价值是对灌后岩体的透水性及岩体完整性的全面反映，因此该值更能代表实际灌浆所取得的效果。

5.3 帷幕耐久性评价

帷幕耐久性评价以丹江口坝基防渗帷幕为例。

丹江口水利枢纽初期工程中混凝土坝坝基均进行过防渗帷幕灌浆，大坝加高工程中在两侧岸坡混凝土坝和两岸土石坝坝基新建或改建了防渗帷幕，河床 3#—32# 坝段混凝土坝段则根据前期监测资料及工程运行情况初步预列了 6530m 补强灌浆帷幕。限于当时的灌浆工艺水平，初期工程河床坝基防渗帷幕灌浆施工中存在一些对防渗帷幕质量和耐久性不利的因素，主要是：①灌浆压力偏低，开灌水灰比 10∶1，稀浆小压力形成的防渗帷幕密实性差，易产生溶出性侵蚀，耐久性较差；②部分防渗帷幕系在蓄水情况下施工(上游水头最大达 60m)，灌浆孔涌水和灌后孔口返浆现象突出；③部分坝段采用丙凝化学浆材灌浆，灌注量达 10~20t，丙凝胶凝体强度低、易老化；④基岩微裂隙发育，可灌性较差，致使少数坝段存在灌后岩体透水率仍未达到设计防渗标准($q \leqslant 0.5$Lu)的现象。工程运行期间监测资料亦反映出局部区域存在异常，少数坝段存在渗流量相对较大的现象。丹江口大坝运行过程中，其间河床坝基未进行过新的地勘与检测，加之后期水头进一步加高，原防渗帷幕能否满足大坝加高后的长期运用要求尚不确定，具体补强的部位及范围不能准确定位，所预列补强工程量能否满足工程需求亦有待进一步证实。因此，有必要对河床坝基防渗帷幕进行全面检测，并结合相应的试验研究，对原防渗帷幕的防渗效果和耐久性作出全面和准确的评价，据此确定原防渗帷幕需要补强的具体部位及范围，完善大坝加高工程的补强灌浆设计，使坝基防渗帷幕能满足大坝加高后的运用要求。

5.3.1 室内试验

通过现场钻孔取芯，获得有代表性的芯样进行室内试验研究，以评价帷幕防渗耐久性。

1. 水泥结石溶蚀耐久性试验(6组)

水泥结石溶蚀耐久性试验主要测试水泥结石芯样在库水压力作用下的渗透系数和 CaO 的溶出量，推算结石耐久性。

2. 丙凝胶体老化性能试验(6组)

丙凝胶体老化性能试验主要测验丙凝胶体在库水、坝基排出水和检查孔水等不同水介质中的分解情况。

现场取样取得丙凝胶体样本，将其置于试验室中的库水、坝基排出水和检查孔等不同水介质环境中，浸泡 7 天、14 天、30 天、60 天、90 天或更长时间，通过检测试验胶体和浸泡液的 pH 值、NH_4^+、丙烯酰胺单体含量，研究丙凝胶体在不同条件下的分解情况，并研究其分解对水环境的影响情况。室内试验与现场原位芯样相比较，以推求丙凝胶体分子结构耐久性。

5.3.2　试验样品情况

为满足室内试验要求，试验样品主要从检查孔所取芯样中选取含有水泥结石或丙凝胶体的完整芯样。试样基本情况见表 5-12 和图 5-7。

表 5-12　试样基本情况

检查孔编号	取样深度（m）	备　注
J28	35.9~36.3	水泥结石及丙凝胶体充填于基岩裂隙中，胶结良好。进行抗渗试验
J28	37.3~37.48	水泥结石存在于基岩裂隙中，胶结良好。进行抗渗试验
J28	50.2~50.37	断开的裂隙面上可见水泥结石
J29	13.2~14.3	共 2 个芯样，为封孔水泥结石与基岩胶结。存在于基岩裂隙中，胶结良好。进行抗渗试验，并取水泥结石进行扫描电镜、能谱、衍射、化学成分分析

5.3.3　水泥结石溶蚀耐久性试验

1. 水泥结石芯样溶蚀试验

本次试验通过在模拟水头（60m）作用下测试含水泥结石芯样的渗水量和 CaO 溶出量随时间的变化，对防渗帷幕的抗溶蚀耐久性进行定性分析。

溶蚀试验参照《水工混凝土试验规程》（SL/T 352—2020）进行。在溶蚀试验过程中除对试样渗漏水进行收集外，定期进行 CaO 溶出量测试。累计渗水量随时间变化的试验结果见表 5-13 和图 5-8，CaO 累计溶出量试验结果见表 5-14 和图 5-9。

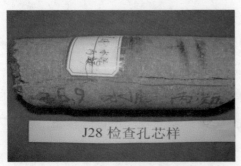

J28 35.9~36.3m 基岩被水泥结石及
丙凝胶体胶结

J28 37.3~37.48m 基岩被水泥结石胶结

J28 50.2~50.37m 基岩裂隙面上水泥结石

J29 13.2~14.3m 水泥结石与基岩胶结

图 5-7 岩芯试验样品

表 5-13 灌浆水泥结石芯样渗透溶蚀试验累计渗水量随时间的变化（g）

试验编号	芯样编号	取样深度（m）	渗透试验历时							
			1d	2d	3d	7d	14d	21d	28d	60d
3#	J28	35.9~36.3	86.3	157.2	211.5	366.2	532.7	620.1	682.6	826.6
7#	J28	52.8~53.0	23.3	45.9	63.4	105.8	142.0	158.4	166.1	186.2
9#	J28	37.3~37.48	105.5	198.3	280.7	517.5	810.2	974.7	1082.9	1396.5
10#	J29	13.2~14.3	7.3	17.0	29.8	74.6	123.4	143.1	152.5	175.6
12#	J29	13.2~14.3	38.1	67.2	88.6	157.5	180.8	196.3	209.4	239.8

表 5-14 灌浆水泥结石芯样渗透溶蚀试验累计 CaO 溶出量随时间的变化（mg）

试验编号	芯样编号	取样深度（m）	渗透试验历时					
			3d	7d	14d	21d	28d	60d
3#	J28	35.9~36.3	0.56	1.00	1.22	1.45	1.73	2.37
7#	J28	52.8~53.0	0.43	0.56	0.64	0.75	0.78	0.86

续表

试验编号	芯样编号	取样深度（m）	渗透试验历时					
			3d	7d	14d	21d	28d	60d
9#	J28	37.3~37.48	0.56	2.03	5.59	8.45	10.63	16.17
10#	J29	13.2~14.3	0.24	0.49	0.72	0.94	1.08	1.28
12#	J29	13.2~14.3	0.70	3.49	5.05	5.64	5.96	6.95

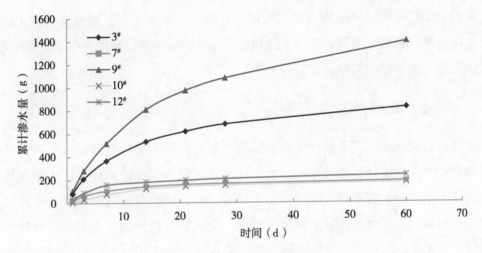

图 5-8　累计渗水量随时间的变化

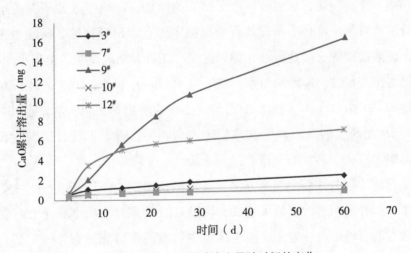

图 5-9　试样 CaO 累计溶出量随时间的变化

从表 5-13 和图 5-8 结果可以看出，在试验初期，试样渗水量较大，特别是 3# 和 9# 试样渗水量比其他 3 个试样大很多，但随渗透试验时间延长，渗水速率呈下降趋势。

从表 5-14 和图 5-9 结果来看，CaO 溶出量与渗水量多少和该样品中水泥结石多少有关，如 3# 和 9# 试样渗水量较大：但从试样来看，9# 试样中水泥结石明显多于 3# 试样（3# 试样裂缝相对较细且含有丙凝胶体），因此溶出的 CaO 较多；3# 试样虽然渗水量较大，但因水泥结石少，CaO 溶出量较少；12# 试样的渗水量较小，但试样几乎一半为水泥结石，因此过水面的水泥结石较多，CaO 的溶出量也较大。总体来看，除 9# 试样外，各试样在试验初期溶出的 CaO 较多，随试验时间延长，CaO 的溶出速率呈下降趋势，试验至 28d 以后，试样每天的 CaO 溶出量已很小。

从以上渗透溶蚀试验结果来看，胶结良好的芯样渗漏量小，渗漏溶蚀的 CaO 少，且随着渗透时间延长，渗漏速率呈下降趋势，CaO 的溶蚀速率减缓，CaO 仅微量溶出，说明水泥结石抗溶蚀耐久性较好。

2. 水泥结石溶蚀耐久性寿命预测

丹江口大坝加高初期工程水泥灌浆帷幕的灌注材料主要为硅酸盐水泥，而硅酸盐水泥熟料中的化学成分包括氧化钙、氧化硅、氧化铝和氧化铁 4 种，这 4 种氧化物在高温煅烧下结合成硅酸三钙、硅酸二钙、铝酸三钙、铁铝酸四钙 4 种主要矿物。硅酸盐水泥遇水后，各矿物成分将发生化学反应，生成新的化合物，主要有氢氧化钙、水化硅酸钙、水化铝酸钙、水化铁酸钙，这 4 种水化物决定了水泥结石的特性。一般情况下，4 种水化物是稳定的，但在坝基的渗流场中，这些水化物与渗透水流中的各种离子相互作用、迁移转化，从而破坏水泥结石的结构，同时也改变了渗透水流的化学成分。渗透水流对灌浆帷幕中水泥结石的侵蚀主要有溶出型侵蚀、碳酸型侵蚀、一般酸性侵蚀、硫酸盐侵蚀、镁盐侵蚀 5 种。对于丹江口大坝加高初期工程水泥灌浆帷幕，目前主要是溶出型侵蚀，即渗水对水泥结石中的 $CaCO_3$ 和 $Ca(OH)_2$ 产生侵蚀破坏，使其变成可溶的 $Ca(HCO_3)_2$ 和 $CaSO_4$ 的过程。CaO 的溶出速率（即溶出量和原有内部总量之比率）与水泥灌浆的结石强度衰减程度密切相关，有学者通过试验得出，当 CaO 的累计溶出率大于 25% 时结石强度将急剧下降。

水泥结石溶蚀耐久性寿命预测方法，系根据试验期内不同历时（d）对应的 CaO 的累计溶出率，拟合出两者的函数关系式，再以 CaO 的累计溶出率等于 25% 为标准，计算出水泥结石的溶蚀耐久性寿命。由于水泥中物质的含量测试存在一定的误差，且水泥结石芯样渗漏溶蚀试验需长期模拟高水压进行测试，受设备性能影响，本次室内溶蚀试验时间段相对较短。因此，对水泥结石的溶蚀耐久性寿命作出的一些分析只是初步和近似的，供相关研究参考。

水泥结石芯样尺寸为 $\phi100mm \times h150mm$，试验得出的各式样 CaO 的累计溶出率见

表 5-15。J28 和 J29 检查孔溶蚀试验结果得出的 CaO 平均累计溶出率与溶蚀时间关系曲线见图 5-10、图 5-11。

表 5-15　灌浆水泥结石芯样渗透溶蚀试验 CaO 的累计溶出率(%)

试样编号	芯样编号	取样深度（m）	渗透试验历时					
			3d	7d	14d	21d	28d	60d
3#	J28	35.9~36.3	0.004	0.007	0.009	0.010	0.012	0.017
7#	J28	52.8~53.0	0.003	0.004	0.004	0.005	0.005	0.006
9#	J28	37.3~37.48	0.004	0.014	0.039	0.059	0.075	0.113
10#	J29	13.2~14.3	0.006	0.013	0.019	0.024	0.028	0.033
12#	J29	13.2~14.3	0.018	0.091	0.131	0.146	0.155	0.180

注：溶出率为试件在某一溶蚀时期通过一定渗水量所溶出的 CaO 量占试样内部 CaO 总含量的百分数。

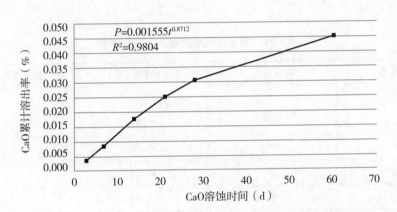

图 5-10　J28 检查孔 CaO 累计溶出率 P 与溶蚀时间关系曲线

从图 5-10、图 5-11 可以看出，曲线拟合函数如下：

$$J28: P = 0.001555 t^{0.8712} \tag{5-23}$$

$$J29: P = 0.0092 t^{0.6860} \tag{5-24}$$

式中，t 为 CaO 溶蚀时间，d；P 为 CaO 累计溶出率，%。

以 $P=25\%$ 代入式(5-23)，求得 J28(27#坝段)检查孔水泥结石芯样溶蚀耐久性寿命还有 184 年；以 $P=25\%$ 代入式(5-24)，求得 J29(28#坝段)检查孔水泥结石芯样溶蚀耐久性寿命还有 278 年。

由于 J29 检查孔溶蚀耐久性寿命相对较长，因此采用 J28 检查孔溶蚀耐久性寿命

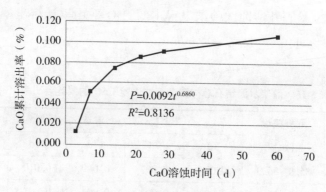

图 5-11　J29 检查孔 CaO 累计溶出率 P 与溶蚀时间关系曲线

并以此推求其他水泥结石溶蚀耐久性寿命是偏安全的。根据水泥结石芯样化学成分分析结果中的 CaO 含量的不同，比照 J28 检查孔芯样的溶蚀耐久性寿命，可推求出现状防渗性能未见明显下降的其他检查孔水泥结石芯样的溶蚀耐久性寿命（按直线比例近似推求），见表 5-16。

表 5-16　水泥结石溶蚀耐久性寿命推求

检查孔号	对应坝段	CaO 含量(%)	溶蚀耐久性寿命(年)
J21	22#	42.20	171
J25	25#	39.85	161
J26	26#	41.60	168
J28	27#	45.44	184
J29	28#	49.07	278

从表 5-16 可见，上述坝段检查孔水泥结石芯样的溶蚀耐久性寿命还有 161 年以上。

5.3.4　丙凝胶体老化性能试验

5.3.4.1　试验内容与试验方法

现场钻孔取样获得裂隙岩体中原位丙凝胶体样本，将其置于试验室模拟的坝基不同部位水介质环境中，采用常规或加速老化测试方法，测试老化前后丙凝胶体质量和酰胺基团的变化以及浸泡液的 pH 值、NH_4^+、丙烯酰胺单体含量等，来判断丙凝胶体的分解情况。

1. 自制丙凝胶体的老化试验

1）常规老化试验

根据当年现场丙凝配比制备丙凝胶体。将制备的丙凝胶体置于自配的不同 pH 值（8、10、12、13）、不同温度（10℃、30℃）的水溶液中浸泡 28d。测试浸泡前后丙凝胶体的质量和酰胺基团的变化以及浸泡液中丙烯酰胺单体含量。

2）加速老化试验

将制备的丙凝胶体置于自配的 pH=13、70℃的碱液中浸泡 3d、7d、14d、28d。测试加速老化前后丙凝胶体的质量和酰胺基团的变化以及浸泡液中丙烯酰胺单体含量。

3）现场取得水样中的老化试验

将制备的丙凝胶体置于现场取得的库水、J25 号孔附近坝基排水孔水、J21 号孔涌水和 J25 号孔涌水中，在室温下浸泡 14d、30d、60d。测试老化前后丙凝胶体的酰胺基团的变化以及浸泡液的 pH 值、NH_4^+、丙烯酰胺单体含量。

2. 原位丙凝胶体在现场取得水样中的老化试验

用红外光谱分析了现场芯样中取得的丙凝胶体。将原位丙凝胶体置于 J25 号孔涌水和 J28 号孔涌水中，在室温下浸泡 14d、28d、60d。测试老化前后溶液的 pH 值、NH_4^+、丙烯酰胺单体含量。

5.3.4.2　试验成果分析

1. 自制丙凝胶体的常规老化试验

1）老化后丙凝胶体的质量变化

老化后丙凝胶体的质量变化如表 5-17 示，质量变化曲线见图 5-12。

从表 5-17 和图 5-12 可以看出，在同一 pH 值下，丙凝胶体质量变化百分数随温度升高而增加；在同一温度下，丙凝胶体质量变化百分数随 pH 值升高而增加，说明丙凝胶体的分解与温度和 pH 值有一定线性相关性。丙凝胶体质量发生变化可能有两个方面的原因：①丙凝胶体支链的酰胺基团发生水解造成的胶体质量变化；②丙凝胶体主链发生水解造成的胶体质量变化。究竟是上述哪种原因，需通过测试老化前后丙凝胶体中酰胺基团的变化及浸泡液中丙烯酰胺单体含量来确认。

表 5-17 不同条件老化后丙凝胶体的质量变化

pH 值	质量变化百分数(%)	
	10℃	30℃
8	0	0.25
10	0	0.63
12	2.50	6.53
13	7.74	14.96

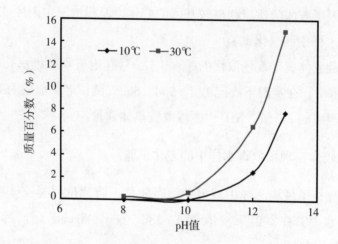

图 5-12 不同条件老化后丙凝胶体的质量变化曲线

2)浸泡前后丙凝胶体中酰胺基团的变化

对浸泡前以及在 10℃、pH = 8 溶液和 30℃、pH = 13 溶液中老化 28d 后的丙凝胶体进行了红外光谱分析,如图 5-13 所示。

从图 5-13 可以看出,丙凝胶体在 10℃、pH = 8 溶液(B)中老化 28d,支链的酰胺基团未发生水解,而在 30℃、pH = 13 溶液(C)中老化 28d,丙凝胶体支链的酰胺基团发生了水解。

3)老化前后浸泡液丙烯酰胺单体含量变化

浸泡前后所有浸泡液经气相色谱检测,均未检测到丙烯酰胺单体。这说明丙凝胶体主链未发生水解。

自制丙凝胶体的常规老化试验说明,随着环境温度的升高和浸泡液碱性的增强,丙凝胶体支链的酰胺基团发生了水解,但其主链仍然稳定。

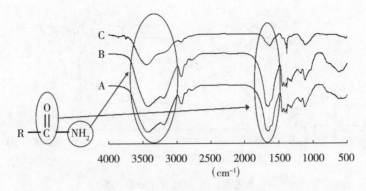

A. 老化前；B. 10℃、pH＝8 老化 28d；C. 30℃、pH＝13 老化 28d

图 5-13　丙凝胶体红外光谱图

2. 自制丙凝胶体的加速老化试验

1）加速老化试验丙凝胶体的质量变化

加速老化试验前后丙凝胶体的质量变化如图 5-14 所示。

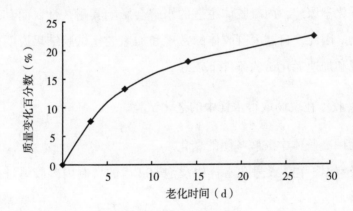

图 5-14　加速老化试验前后丙凝胶体的质量变化图

从图 5-14 可以看出，加速老化试验后的丙凝胶体质量发生了较大的变化，随浸泡时间延长，质量变化百分数增大。

2）加速老化试验前后丙凝胶体中酰胺基团的变化

对加速浸泡试验前和加速浸泡 3.5d 后的丙凝胶体进行了红外光谱分析，如图 5-15 所示。

从图 5-15 可以看出，加速老化试验 3.5d 后丙凝胶体支链的酰胺基团已发生了水解。

119

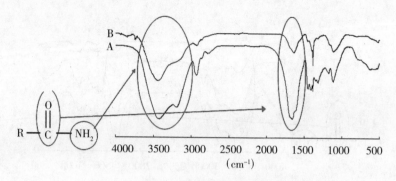

A. 老化前；B. 加速老化试验 3.5d

图 5-15　丙凝胶体红外光谱图

3）加速老化试验前后浸泡液中丙烯酰胺单体含量变化

加速浸泡试验前后所有浸泡液经气相色谱检测，均未检测到丙烯酰胺单体。这说明丙凝胶体主链未发生水解。

因此，自制丙凝胶体的加速老化试验说明，在加速老化试验条件下，丙凝胶体支链的酰胺基团发生了明显水解，但其主链仍然稳定。

根据高分子化学原理，丙凝胶体主链的水解会影响其耐久性，而其支链的水解对耐久性影响不大。因此，自制丙凝胶体的常规和加速老化试验结果说明自制丙凝胶体的耐久性在常规和加速老化试验条件下较好。

3. 自制丙凝胶体在现场取得水样中的老化试验

1）老化前后丙凝胶体中酰胺基团的变化

对老化前及室温下在 J25 号孔水样中浸泡 60d 后的自制丙凝胶体进行了红外光谱分析，如图 5-16 所示。

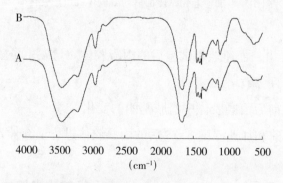

A. 老化前；B. 室温下在 J25 号孔水样中老化 60d

图 5-16　丙凝胶体红外光谱图

从图 5-16 可以看出，室温下在 J25 号孔水样中浸泡 60d 后的丙凝胶体支链的酰胺基团未发生水解。试验结果说明，室温下自制丙凝胶体在现场取得水样中浸泡 60d 仍较稳定。

2）浸泡前后溶液的 pH 值

室温下在现场取得水样中自制丙凝胶体老化不同时间后，浸泡液的 pH 值测试结果见表 5-18。

表 5-18　室温下自制丙凝胶体在现场取得水样中浸泡不同时间后浸泡液的 pH 值

水样编号	浸泡时间			
	0d	14d	28d	60d
库水	7.97	7.44	7.78	7.72
J21	7.77	7.78	8.07	8.04
J25	8.31	8.19	8.41	7.88
J25 排	8.00	7.32	8.47	7.98

从表 5-18 可以看出，浸泡液的 pH 值变化不大，说明不同部位水样对丙凝胶体的水解影响不明显。丙凝胶体分子主链的水解较支链酰胺基团水解困难得多，由于丙凝胶体支链的酰胺基团未发生水解，因此其分子主链也未发生水解。

4. 原位丙凝胶体在现场取得水样中的老化试验

1）现场芯样中丙凝胶体酰胺基团的变化

老化前对 J25 和 J28 原位芯样中的丙凝胶体进行了红外光谱分析，并将其与新配的丙凝胶体红外光谱图谱进行了对比，如图 5-17 所示。

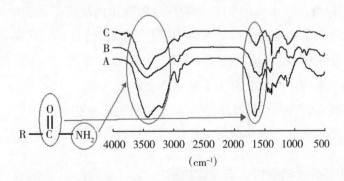

A. 新配丙凝胶体；B. J25 芯样中的丙凝胶体；C. J28 芯样中的丙凝胶体

图 5-17　丙凝胶体的红外光谱图

121

从图 5-17 可以看出，原位 J25 和 J28 芯样中的丙凝胶体支链的部分酰胺基团已发生了水解。

2）浸泡前后水样的 pH 值

室温下原位 J25 和 J28 丙凝胶体分别在 J25 和 J28 号孔涌水中老化不同时间后，水样的 pH 值测试结果见表 5-19。

表 5-19　室温下原位丙凝胶体在现场取得水样中浸泡不同时间后水样的 pH 值

水样编号	浸泡时间			
	0d	14d	28d	60d
J25	8.02	8.11	8.15	7.96
J28	8.08	8.07	8.16	8.05

从表 5-19 可以看出，J25 和 J28 号孔涌水的 pH 值在浸泡原位丙凝胶体后变化不大，说明原位丙凝胶体支链的酰胺基团未发生明显水解。

3）浸泡前后水样的 NH_4^+ 浓度

室温下 J25 和 J28 原位丙凝胶体分别在 J25 和 J28 号孔涌水中老化不同时间后，水样的 NH_4^+ 浓度测试结果见表 5-20。

表 5-20　室温下原位丙凝胶体在现场取得水样中浸泡不同时间后水样的 NH_4^+ 浓度

水样编号	浸泡时间			
	0d	14d	28d	60d
J25	0.00	0.00	0.00	0.01
J28	0.09	0.09	0.10	0.10

从表 5-20 可以看出，水样的 NH_4^+ 浓度在浸泡原位丙凝胶体后变化不大，说明原位丙凝胶体支链的酰胺基团未发生明显水解，这与水样 pH 值的测定结果相符。

丙凝胶体分子主链的水解较支链酰胺基团水解困难得多，由于丙凝胶体支链的酰胺基团未发生明显水解，因此其分子主链更不会发生水解。

室温下 J25 和 J28 原位丙凝胶体分别在 J25 和 J28 号孔涌水中的老化试验结果说明，室温下原位丙凝胶体在现场取得水样中水解缓慢，60d 内未发生明显水解。

5.3.4.3　丙凝胶体分子结构耐久性寿命预测

等量的新配丙凝胶体和 J25 原位丙凝胶体的红外光谱图如图 5-18 所示。比较红外光谱图中新配丙凝胶体和 J25 原位丙凝胶体的酰胺基团的特征吸收峰高度，峰高比（即 h_1/h_0）约为 0.85，由于酰胺基团的数目与吸收峰高度成正比，因此 J25 原位丙凝胶体中约有 15%的酰胺基团发生了水解。

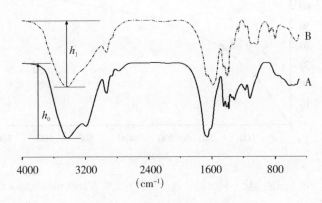

A. 新配丙凝胶体；B. J25 原位丙凝胶体

图 5-18　丙凝胶体的红外光谱图

根据前述自制丙凝胶体的加速老化试验的结果，将质量变化百分数转化为水解百分数，如表 5-21 所示。以水解百分数对时间作图，对结果进行非线性拟合，可得到水解百分数与老化时间的关系，如图 5-19 所示。

表 5-21　70℃、pH＝13 老化不同时间后丙凝胶体的质量变化和水解百分数

老化时间(h)	84	168	336	672
质量变化百分数(%)	8.3	13.2	17.9	22.5
水解百分数(%)	25.6	40.7	55.2	69.4

根据图 5-19 中的拟合函数，当丙凝胶体中酰胺基团水解 15%时，加速老化时间约为 17h。由此类推若丙凝胶体中酰胺基团分别水解 30%、60%、100%时，加速老化时间分别为 85h、426h、1398h。丹江口大坝初期工程河床坝段坝基防渗帷幕运行 40 余年，而 J25 检查孔原位丙凝胶体中约有 15%的酰胺基团发生了水解，因此根据加速老化试验结果的计算，可推求出在原有气候条件和水环境中 J25 检查孔原位丙凝胶体中 30%、60%、100%的酰胺基团水解时的老化时间，如表 5-22 所示。

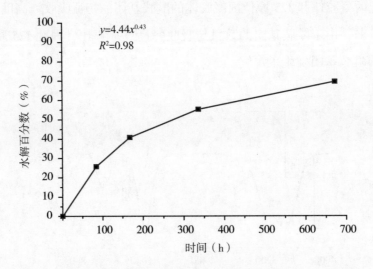

$y=4.44x^{0.43}$
$R^2=0.98$

图 5-19　加速老化不同时间后丙凝胶体的水解百分数和拟合的函数

表 5-22　丙凝胶体中酰胺基团水解百分数时的老化时间

水解百分数(%)	15	30	60	100
加速老化时间(h)	17	85	426	1398
实际老化时间(a)	40	200	1000	3290

由表 5-22 的结果可知，在原有气候条件和水环境中 J25 检查孔原位丙凝胶体的分子结构耐久性很好。同样本次获取的 J28 检查孔芯样中原位丙凝胶体的红外光谱图与 J25 检查孔原位丙凝胶体类似，可见河床坝段丙凝灌浆部位原位丙凝胶体分子结构耐久性差别不大。当酰胺基团水解百分数大于 40%，丙凝胶体水解迅速，稳定性下降。由此推算出在原有气候条件和水环境中，原位丙凝胶体的分子结构实际老化时间约为471 年(此预测结果供相关研究参考)。

5.4　本章小结

(1)针对传统帷幕灌浆效果评价方法的不足，本书从检查孔压水试验透水率、检查孔岩芯采取率和岩溶封堵程度三个方面对岩溶地区帷幕灌浆效果进行综合评价，建立了基于模糊综合评价法的灌浆效果评价模型。以构皮滩水电站右岸高程 465m 灌浆平洞为例，对两种评价方法进行了对比分析，相比于传统评价方法，本书提出的灌浆效果评价模型评价结果更全面、科学：

（2）以丹江口水库为例，通过室内试验，分别对水泥结石和丙凝胶体的耐久性进行了详细的分析和研究。

（3）本书提出的灌浆效果评价模型较传统评价方法更科学、全面，但鉴于实际评价因素的可得性，本书选取的评价因素具有一定的局限性（如未考虑渗压、渗流量等因素），评价指标的权系数向量确定方法仍存在改进空间，后续可结合帷幕耐久性评价指标，提出岩溶地区帷幕灌浆效果及耐久性综合评价模型。

第6章　典型工程岩溶处理实践

6.1　水布垭面板堆石坝岩溶处理经验

6.1.1　工程概况

水布垭水电站位于清江中游河段，隶属湖北省恩施土家族苗族自治州巴东县境内，是清江流域梯级开发的龙头水利枢纽工程，具有发电和防洪等综合效益（图6-1）。工程主体建筑物由大坝、溢洪道、地下电站、放空洞等组成，其中大坝为混凝土面板堆石坝，为国内外最高的面板堆石坝，最大坝高233m；左岸溢洪道最大下泄流量为18320m³/s，右岸引水式地下电站装机四台，总装机容量1600MW。

水布垭水电站坝址所在清江流域地区的碳酸盐岩分布广泛，占流域总面积的72%，是中国岩溶最发育、最典型的地区之一，其独具特色的岩溶地质环境举世瞩目。

图6-1　水布垭面板堆石坝

水布垭水电站地层岩体主要为二叠系下统(P_1)栖霞组(P_1q)和茅口组(P_1m)灰岩，地质条件复杂，软弱夹层发育，岩溶化程度较高，其中：茅口组地层岩溶极其发育，属强岩溶化地层；栖霞组地层属强岩溶化与弱岩溶化岩组互层。上述地层中的岩溶及其形成的岩溶发育区、岩溶系统等是本工程主要的地质缺陷。

在高水头作用下，大坝坝基及两岸山体存在发生水库渗漏的地质环境，工程防渗是项目建设的关键性技术难题之一。通过各设计阶段的研究，采用以帷幕灌浆为主、结合岩溶清理回填的综合工程防渗方案。

6.1.1.1　岩体透水特征

与渗控工程密切相关的茅口组、栖霞组地层总体属层状透水形式。断层、裂隙、层面、层间剪切带等结构面是控制坝区渗流的主要网络通道，也是地下水沟通库内、库外的主要渗漏通道。由于断层切割及岩溶管道发育，坝区主要建基岩体茅口组与栖霞组灰岩基本上构成一个统一的含水单元。岩体透水性主要受岩溶管道的控制，岩体透水性不均一，强、较强、弱透水岩体交替变化，岩溶管道发育的地层、地段，岩体透水性强。裂隙性岩体的透水性因裂隙的张开、充填、岩溶化程度等状况的不同而有差异，但总体上随深度增加呈减弱趋势。从上至下，强、弱透水分区明显，上部为强透水区，以岩溶管道流为主，属于岩溶化地块；下部为弱透水区，以裂隙性渗流为主，属裂隙性岩体。

左岸趾板线路从河床高程 176m 至坝肩高程 405.0m，斜距约 350m，水平投影长度约 269.06m。建基面高程 335.0m 以上主要为第三单元岩体，断层、裂隙等结构面以卸荷张裂、溶蚀为主，发育老虎洞岩溶系统，岩体透水性一般较强；高程 335.0 ~ 210.0m 由第二单元岩体构成，断层、裂隙等结构面以微张、溶蚀为主，岩体透水性一般较弱，局部较强；高程 210.0m 以下为第一单元岩体，断层、裂隙等结构面以微张、闭合为主，岩体透水性一般较弱。

河床趾板线路长 69.2m，方向 115°，建基面高程约 176.0m，岩体为栖霞组第 4 段(P_1q^4)，并以泥盆系写经寺组(D_3x)隔水层作为帷幕下限。基础岩体完整性好，渗透性弱。

右岸趾板线路长 574.24m，呈折线变化。基础岩体高程 230.0m 以下为第一单元岩体，以上为第二单元岩体。Ⅷ、Ⅹ号岩溶管道在右岸趾板之下穿过，形成右岸岩溶发育区。总体上讲，高程 250.0m 以下基础岩体属裂隙性透水介质，高程 250.0m 以上存在岩溶管道渗流、集中高渗带。

钻孔压水试验、岩溶发育强度及规律研究表明，左岸趾板线上部强—中等透水区（>10Lu）约占31%，弱、微透水区（<10Lu）占69%；河床上部强—中等透水区（>10Lu）占34%，弱、微透水区（<10Lu）占66%；右岸一线上部强—中等透水区（>10Lu）占39%，弱、微透水区（<10Lu）占61%。

6.1.1.2 水库渗漏模式

坝址区岩溶及断层、裂隙、剪切带等地质构造具有如下发育规律和特点。

（1）坝址区上部的茅口组、栖霞组灰岩虽总体上属层状透水形式，透水性随深度增加呈减弱趋势，但高程300.0m以上为岩溶化岩体，岩溶较发育，岩溶类型齐全，岩溶管道系统、溶沟、溶槽、溶洞、落水洞、盲谷、溶蚀洼地等较常见，属渗漏岩层，存在岩溶渗漏条件。

（2）坝基及两岸山体断层较为发育，部分规模较大的溶蚀性断层由库内向库外延伸，易形成集中渗漏通道。

（3）两岸岸坡剪切裂隙发育，受岸坡卸荷、风化、断层影响带或岩溶洞穴影响，裂隙溶蚀发育较强烈，形成了多处高渗透带，具备岩溶裂隙性渗漏条件。

（4）岩体层间剪切带发育，剪切带充填物性状软弱，结构松散，耐压性能较差，在高水头作用下易发生劈裂破坏，形成渗漏通道。

研究表明，坝址区渗流主要受岩溶、断层、裂隙、层面、层间剪切带等结构面控制，具备发生坝基渗漏、两岸山体绕坝渗漏条件。其中，高程300.0m以上为岩溶化岩体，透水性强，以岩溶渗漏、岩溶管道式渗漏为主；高程300.0m以下为裂隙性岩体，透水性较弱，以裂隙性渗流、层面渗流为主。

综上所述，坝基及两岸山体渗漏主要有以下三种模式：①沿岩溶系统、溶洞、岩溶发育区、溶蚀性断层等发生岩溶管道性集中渗漏；②沿裂隙密集发育带、剪切裂隙发育的高渗带发生裂隙性渗漏；③沿层间剪切带、岩层层面的软弱充填物发生击穿破坏，形成层面渗漏。

6.1.2 岩溶分布与规模概况

通过左、右岸灌浆平洞及趾板开挖共揭示溶洞123个，其中两岸灌浆平洞揭示溶洞108个，大坝趾板揭示溶洞15个；两岸灌浆平洞揭示体积大于100m³的溶洞有27个，其中左岸20个，右岸7个。左、右岸灌浆平洞遇洞频次统计见表6-1。

表 6-1　左、右岸灌浆平洞遇洞频次统计表

部位	平洞编号	溶洞个数	10~20m³的个数	>100m³的个数
左岸	左灌 400	19	1	2
	PD375	6	0	6
	左灌 350	17	0	10
	左灌 300	13	0	2
	左灌 240	14	0	0
	左灌 200	5	0	0
	小　计	74	1	20
右岸	右灌 405	13	5	4
	右灌 350	9	2	1
	右灌 300	3	0	1
	右灌 250	3	0	1
	右灌 200	6	0	0
	小　计	34	7	7

主要溶洞的发育特征简述如下：

(1) 大坝左岸趾板高程 320.0m 以上为强岩溶发育区，揭露 KZ390、KZ380、KZ373、KZ553 四个溶洞，前 3 个溶洞属老虎洞岩溶系统，溶洞规模大，垂直发育深度为 20~40m，单个溶洞体积近 5000m³；右岸趾板揭露溶洞 11 个，在高程 314.0m 左右顺坝子沟两侧形成岩溶集中发育区，Ⅹ、Ⅷ号岩溶管道系统也在此穿越趾板。右岸趾板揭露规模大的溶洞有 KY300-1、KY-5、KY-6、KY-7 及 KY-8 等，个别溶洞垂向溶蚀深度大于 25m。KY-1~KY-4 为溶槽，长 15~60m，宽 0.3~5m，深 2~10m。

(2) 左岸高程 200m 灌浆平洞开挖揭露 5 个小溶洞，主要顺裂隙性断层和裂隙发育，溶洞长 0.1~2.5m，高 0.1~0.2m，体积为 0.02~2m³，一般充泥。

(3) 左岸高程 240m 灌浆平洞揭露 14 个小溶洞，主要为串珠状小溶洞，大小一般为 2cm×3cm~5cm×8cm，最大 0.6m×2m，体积为 0.01~5m³，主要位于桩号 K0+00m~K0+300m 段之间。

(4) 左岸高程 300m 灌浆平洞揭露大小溶洞 13 个，规模大的有 2 个，分别为Ⅰ号岩溶管道和 KZ300-2 溶洞。KZ300-2 溶洞位于桩号 K0+475m~K0+528m 段之间，顺断层发育，溶洞主洞长约 40m，主要呈宽缝、跌坎状延伸，帷幕上下游侧均有流水，帷幕范围内追踪清挖体积约 1856m³。

（5）左岸高程 350m 灌浆平洞揭露大小溶洞 19 个，其中大溶洞 12 个，均横跨灌浆平洞发育，清挖体积约 23300m³。最大的 KZ350-1 溶洞为 I 号岩溶管道的上延部分，垂直发育为主，体积大于 10000m³，顺溶洞走向 345° 方向断层发育。其余溶洞均集中分布在 K0+656.12m ~ K0+1022m 段之间，主要顺断层发育，一般充填黄泥夹有卵砾石，单个溶洞体积为 500 ~ 3000m³。

（6）左岸高程 400.0m 帷幕主要为左坝肩到邹家沟段。此段大部分为强岩溶化岩体，为左岸岩溶发育区，左坝肩与溢洪道之间开挖的高程 375.0m 岩溶处理支洞共揭示 6 个大溶洞，均与高程 350m 灌浆平洞相通，清挖方量 2.04×10⁴m³。溢洪道控制段开挖揭示，此处岩溶十分发育。

（7）右岸高程 200m 灌浆平洞揭露 6 个小溶孔，主要受断层及裂隙控制，宽 20 ~ 60cm，充填黄泥，部分无充填。

（8）右岸高程 250m 灌浆平洞揭露 3 个溶洞，规模大的为 KY250-1 溶洞，位于桩号 K0+450m ~ K0+600m 段之间，受 F_{12} 断层控制，溶洞垂直发育，深度 25m，宽 15m，体积 2600m³，与趾板建基面贯通。

（9）右岸高程 300m 灌浆平洞揭露 3 个溶洞。其中溶洞 KY300-1 位于桩号 K0+00m ~ K0+300m 段之间，顺 F_3 断层发育，溶洞规模巨大，是右岸防渗帷幕线上规模最大的溶洞之一，其底部高程约 280m，顶部高程为 308.0 ~ 320.0m，与趾板连通，体积大于 10000m³，充填黄色黏土及块石。桩号 K0+260m 附近顺断层发育小溶洞，顺 NE46° 向断层发育，体积约 6m³。

（10）右岸高程 405m 灌浆平洞揭露大小溶洞 13 个，大部分呈溶空状态，规模较大的溶洞为 KY405-1、KY405-2 和 KY405-4 等。其中 KY405-1 溶洞规模最大，该溶洞以垂直发育为主，并与右岸高程 350m 灌浆平洞相通，延伸长度大于 40m，发育深度 50 余米，体积近万立方米，为厅状洞穴，充填钙华及黏土，是早期暗河系统。其余溶洞大多顺裂隙或小断层溶蚀。

6.1.3 岩溶防渗处理总体原则

水布垭水电站岩溶发育，类型齐全，工程规模较大，性状较差的断层、高渗带等地质缺陷均伴随岩溶发育，因此，工程地质缺陷的防渗处理在很大程度上就是岩溶防渗处理。针对岩溶防渗问题，水布垭水电站进行了大量的地质勘察研究，在参考、借鉴清江流域隔河岩水电站、高坝洲水电站等已建工程的岩溶防渗经验的基础上，制定了岩溶防渗处理的基本原则，确立了对开挖揭露和已查明的岩溶洞穴采取清理+回填混凝土为主，对帷幕灌浆过程中揭露的小型岩溶洞穴采取砂浆、浓水泥浆灌注为主的处理思路，具体如下。

(1)帷幕灌浆实施前，对前期地质勘探、灌浆平洞等洞室开挖揭露的岩溶洞穴均应进行清理、回填混凝土处理，使帷幕轴线岩溶化岩体基本达到"变岩溶化岩体为裂隙性岩体"要求，为帷幕灌浆施工创造良好条件。

(2)岩溶洞穴清理深度及范围。

①直径或宽度小于 1m 的岩溶洞穴或溶缝，清挖深度不小于溶洞直径或溶缝宽度的 3 倍，且不小于 2m。

②对于洞径或宽度大于 1m 的溶洞或溶槽以及贯穿上下游的溶缝、溶槽，应追踪清理，清理回填范围为上游距防渗帷幕不小于 15m、下游不小于 10m。对于垂直型落水洞，一般清理至基本尖灭为止。

③岩溶清理以人工清理为主，必要时采用小药量爆破挖除。清理时，要求将溶洞内所有未胶结成岩的黏土、砂土及其他松散物、松动岩块等全部清除，并采用混凝土回填，回填混凝土强度等级为 C25(二级配)。向上发育的规模较大的溶洞，混凝土回填后，对顶部进行回填灌浆。

(3)对帷幕灌浆过程中揭露的岩溶洞穴，一般规模较小，采用砂浆、浓水泥浆灌注至设计防渗标准。

实践证明，上述岩溶的处理思路合理，方案可行，可供岩溶地层防渗施工借鉴。

6.1.4　开挖揭露岩溶对象的处理

依据岩溶防渗处理思路与原则，左、右岸各层灌浆平洞以及大坝趾板开挖揭露的岩溶洞穴均采取了追踪清理后混凝土回填处理，共完成岩溶清理、回填混凝土方量 $1.25 \times 10^5 \, m^3$，其中左岸 $1.02 \times 10^5 \, m^3$，右岸 $2.3 \times 10^4 \, m^3$。主要岩溶及其处理措施如下。

6.1.4.1　左岸高程 350m 灌浆平洞溶洞群的处理

受 F_{12} 断层影响，本层灌浆平洞岩溶极为发育，其中左坝肩至溢洪道之间揭露规模较大的溶洞达 11 个，溶洞单个体积均大于 $500 m^3$，一般在 $1000 m^3$ 以上。

(1)由于岩溶密集发育，严重影响到灌浆平洞的开挖施工。因此，对该溶洞群采取在灌浆平洞下游 10m 处，平行灌浆平洞增设一条施工支洞，以便能同时进行灌浆平洞开挖、支护和岩溶密集发育区的岩溶清理、回填施工，加快施工进度，提高施工效率。支洞布置见图 6-2。

(2)岩溶密集发育区的溶洞向上发育高度多超过 20m，清挖、回填施工难度大，危险性高。为此，在左岸高程 375.0m 处增加一条施工支洞进行溶洞清理、回填施工。

溶洞处理完成后对该支洞采取混凝土回填封堵。

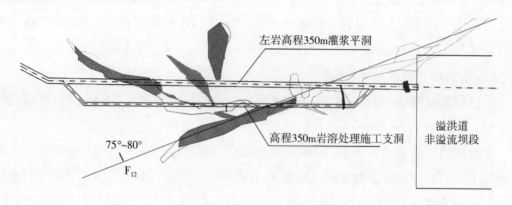

图 6-2　左岸高程 350m 灌浆平洞岩溶处理施工支洞布置图

（3）2 号、3 号、4 号、5 号、7 号、8 号、9 号、11 号等 8 个溶洞向上发育高度均达 20m 以上，采取先在左岸高程 350m 灌浆平洞内回填，上部的脱空部分利用高程 375.0m 施工支洞回填。

（4）10 号溶洞向上发育高度 5~6m，采取在左岸高程 350m 灌浆平洞进料进行一次性回填。为保证回填质量，溶洞回填前，沿溶洞洞身方向每隔 1.5m 左右埋设一根 $\phi60~\phi80mm$ 的回填灌浆管，溶洞回填完成后，采用 0.5∶1∶1 的水泥砂浆进行回填灌浆。

（5）溶洞向下发育的部分，按岩溶处理原则清理达设计要求后，回填强度等级为 C15 的二级配混凝土。

6.1.4.2　K9 溶槽及 F_{12} 断层防渗处理

K9 溶槽发育于溢洪道及其左侧，主要伴随溢洪道控制段前的 F_{12} 断层发育，在溢洪道左侧穿过防渗帷幕。溶槽主要发育于栖霞组第 14 段至茅口组灰岩中，岩溶下限高程 350.0m 左右。地质勘探表明，K9 溶槽及 F_{12} 断层部位岩溶发育强烈，属强岩溶区，ZKW11 号钻孔、ZKW13 号钻孔分别在高程 376.2~384.2m、382.5~385.1m 揭露出较大溶洞，溶洞充填砂、砾石，为岩溶管道；帷幕灌浆钻孔揭示，K9 溶槽在高程 360.0~390.0m 发育多个溶洞，溶洞规模大且相互连通，灌浆时溢洪道引水渠左侧边坡出现漏浆现象。K9 溶槽及其关联的 F_{12} 断层对工程防渗影响较大，可能在溢洪道左侧顺溶槽发生岩溶渗漏，还可能顺 F_{12} 断层向左延伸穿过邹家沟非岩溶化地块，向 Ⅰ 号岩溶系统渗漏，见图 6-3。

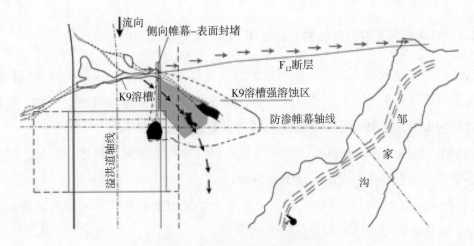

图 6-3　K9 溶槽岩溶发育示意图

受溢洪道开挖以及混凝土浇筑施工控制，K9 溶槽不具备采取清理、回填处理的条件。为防止渗漏，对 K9 溶槽及 F_{12} 断层防渗采取以帷幕灌浆为主，对其在溢洪道引水渠岩溶露头进行表面封堵的方案，具体措施如下：

(1)对 K9 溶槽及 F_{12} 断层在溢洪道上游渠底及壁面出露范围采用浇筑混凝土封闭，封闭长度向上游延伸至穿过 K9 溶槽及 F_{12} 断层 5m 以上。其中，两侧壁面封闭高度至高程 400.0m，混凝土厚度 0.5m，并布置系统锚杆加固，锚杆长 5m，直径 28mm，间排距 3m×3m。

(2)沿渠道方向，在封闭段渠底左侧坡脚处浇筑混凝土压浆板，并布置一排防渗帷幕，以防止库水顺 F_{12} 断层向左侧邹家沟方向渗透。帷幕孔距 2m，孔深按穿过 F_{12} 断层以下 5m 控制。

(3)由于溢洪道至邹家沟部位岩溶发育区的灌浆吸浆量大，因此，将 K9 溶槽部位的防渗帷幕增加至 3 排，K9 溶槽至邹家沟段的防渗帷幕增加至 2 排。

(4)防渗帷幕前、后增布地下水位观测孔，形成地下水观测网络，并加强监测。

6.1.4.3　右岸沿 F_2 断层发育的岩溶处理

F_2 断层带宽达 16.5～50m。右岸高程 200m 灌浆平洞桩号 K0+498m～K0+517m、高程 300m 灌浆平洞桩号 K0+275m～K0+318m、高程 350m 灌浆平洞桩号 K0+184.5m～K0+210.5m、高程 405m 灌浆平洞桩号 K0+124m～K0+140.5m 段均位于 F_2 断层及其破碎带范围，右岸高程 350m、405m 灌浆平洞内分别发育规模大的 KY350-1 与 KY405-1 溶洞，且互相贯通。采用清理后回填混凝土处理方式，即自上层灌浆平洞清理至下层灌浆平洞,再分层浇筑回填,回填混凝土强度等级为 C15(三级配)。

6.1.4.4 右岸庙包岩溶发育区的岩溶处理

庙包岩溶发育区位于右岸趾板部位,出露高程 250.0 ~ 350.0m,是地质勘探圈定的高渗带,岩溶密集发育,以狭缝状居多,清理难度大。庙包岩溶发育区内,规模最大的溶洞为 K350-1,体积近万立方米,岩溶主要处理措施如下:

(1)利用高程 250m、300m、350m 灌浆平洞进行人工清理、出渣,以减小岩溶清理工作对大坝趾板开挖、混凝土浇筑的影响。

(2)对在地表出露的狭缝型溶洞,采取在大坝趾板上游开挖竖井进行清理和混凝土回填,以保证混凝土回填质量。

(3)追踪、清理、回填范围一般为上游距防渗帷幕不小于 15m、下游距防渗帷幕不小于 10m。

6.1.5 钻孔灌浆遇岩溶对象的对策

由于帷幕灌浆前通过各层灌浆平洞、勘探平洞和施工支洞等对沿帷幕轴线范围内的溶洞,特别是大型溶洞等均进行了追踪清理和混凝土回填处理,基本实现了"变岩溶化岩体为裂隙性岩体"的设计构想。因此,帷幕灌浆施工过程中没有出现大型溶洞,但部分钻孔仍揭示岩体有溶蚀现象。钻孔揭示的岩溶一般规模较小,主要为小型溶沟、溶缝或溶洞,多充填黄泥,详见表 6-2 ~ 表 6-4。

表 6-2 大坝趾板帷幕钻孔揭示岩溶

部位	孔号	孔深(m)	钻孔情况
大坝趾板	M405-1-Ⅰ-12	1.5 及 2.8	充黄泥
	M260-2-Ⅰ-32	6.5 及 7.2	充黄泥
	M260-2-Ⅰ-56	3.4 ~ 3.6	充黄泥
	M350-1-Ⅰ-13	30.8 ~ 30.88	充黄泥
	M350-1-Ⅰ-37	30.8 ~ 31.4	孔内掉钻
	M350-1-Ⅰ-45	26.17	空洞
	M405-1-Ⅰ-20	2.9 ~ 3.4	充黄泥
	M405-1-Ⅰ-36	27、14.8 及 17	充黄泥
	M350-1-Ⅰ-29	14.8、17、17.4、24.15、24.8	充黄泥

表 6-3 左岸山体帷幕钻孔揭示岩溶

部位	孔号	孔深（m）	钻孔情况
左灌 200m	L5-1-114-Ⅲ	40.9	充黄泥
	L5-1-173-Ⅰ	69.8~70.8、71.4、72.2~72.75	孔内掉钻、断层充黄泥
	L5-1-185-Ⅰ	39.4	充黄泥
	L5-3-3-Ⅱ-1、L5-3-2-Ⅱ-6	4.5	漏水量 112.3L/min，无回水
	L5-3-3-Ⅱ-5、L5-3-5-Ⅱ-5	4.5	漏水量 59.23L/min，无压无回水
左灌 240m	L4-w-4	27.8	轻微掉钻现象，孔内大量失水无回水
	L4-1-Ⅰ-25	7.0~8.3	开始返黄水，后无回水，有掉钻现象
	L4-1-Ⅰ-93	46.2	失水至无回水，间断性掉钻
	L4-1-Ⅰ-97	30.0	无回水，塌孔
	L4-1-Ⅰ-201	30.7	轻微掉钻现象，孔内大量失水无回水
	L4-1-Ⅰ-272	42.5	失水至无回水、塌孔
	L4-1-Ⅰ-273	38.2~40.3	掉钻现象
	L4-1-Ⅰ-275	37.0	失水至无回水，轻微掉钻
	L4-1-Ⅰ-277	40~40.2	失水至无回水，摄像显示有空洞
	L4-1-Ⅰ-105	36-38	充黄泥
左灌 300m	L3-1-Ⅱ-128	49.5-50.5	严重失水
	L3-1-Ⅰ-126	52.0~53.2	掉钻失水
	L3-1-Ⅰ-134	47.8~54.2	严重失水
	L3-1-Ⅰ-182	5.4~10.4	掉钻、塌孔，严重失水
	L3-1-Ⅱ-395、396、397	40~46.8	掉钻、塌孔，严重失水
	L3-1-Ⅰ-398	51.0~52.0	掉钻、塌孔，失水
	L3-J-31	54.55~55.25	溶洞
	L3-1-Ⅰ-266	51.5	充黄泥

表 6-4　右岸山体帷幕钻孔揭示岩溶

部位	孔号	孔深（m）	钻孔情况
右灌 250m	R4-1-Ⅰ-13	20.5~22	孔内掉钻
	R4-1-Ⅰ-49	22.1	充黄泥
	R4-1-Ⅰ-85	39	空洞
右灌 300m	R3-1-Ⅰ-5	24~25.3	孔内掉钻
		35.4~35.8	孔内掉钻
	R3-1-Ⅰ-21	24.1~24.3	充黄泥
	R3-1-Ⅰ-85	35~35.1	空洞
	R3-1-Ⅰ-93	26.4	充黄泥
		27.3	充黄泥

　　由于这些岩溶洞穴临近库水，是沟通坝基上下游、形成水库渗漏的主要通道，必须进行可靠的防渗处理。考虑到这些岩溶洞穴规模相对较小，施工中根据其发育的规模、高程以及岩溶充填物的性状等具体情况，分别采取了调整帷幕灌浆布置、施工方法、灌浆材料等措施进行灌浆处理，具体措施有以下几方面。

　　对帷幕灌浆过程中揭示的小型溶沟、溶缝或溶洞等，主要采取下述处理措施：

　　（1）孔内摄像。通过钻孔孔内摄像查明溶洞的分布形态、范围和充填物的充填程度，作为制定处理方案的基本依据。

　　（2）加密灌浆孔距、增加灌浆排数。从现场施工情况来看，无充填型溶洞一般经 2 排帷幕孔灌注后可达到设计防渗标准；泥质充填型溶洞一般需布设 3 排帷幕灌注，才能达到设计防渗标准；局部岩溶发育强烈的部位还需进一步加密孔距，方可达到设计防渗标准。如右岸趾板庙包岩溶发育区，由于岩溶发育强烈且溶蚀充泥现象严重，采取了 3 排帷幕加强灌注，施工时先灌注上、下游排帷幕孔，形成封闭条件后再高压灌注中间排帷幕孔，通过高压灌浆对岩溶充填物的挤压、密实作用最终形成防渗帷幕。

　　（3）缩短灌浆段长。钻孔打到溶洞后立即停钻灌浆，达到灌浆结束标准后再进行下一段施工。

　　（4）调整钻孔分序。溶洞部位的第 1 排孔一般可不分序，周边临近钻孔可随即开钻，灌浆时采取多孔轮流方式灌注，以加快施工进度，岩溶灌浆完成后，再按钻孔分序要求施工。

　　根据岩溶规模的大小以及充填物性状的差异，岩溶灌浆分别采用了如下不同灌浆工艺材料及方法灌注。

（1）对无充填或半充填型的小型岩溶，一般先灌注水泥砂浆，至基本不吸浆后待凝 72h，再扫孔用纯水泥浆复灌。

（2）对脱空较大的溶洞，一般先扩孔，加大钻孔孔径后，采取自孔口边倒砂、边注浓浆的方式进行回填灌注，期间间歇性地用钻杆捣实。待孔口返浆后再提高压力灌注，经多次反复灌注，至达到设计灌浆压力后方可结束灌浆作业。灌后检查，该灌浆法形成的结石强度密实，满足设计要求。

（3）充填型溶洞，尤其黄泥充填型溶洞是灌浆处理难度最大的岩溶类型。该类溶洞采用水泥砂浆、高流态混凝土等固相材料灌注，效果极差，因此，一般采用纯水泥浆灌注。为控制浆液扩散范围，避免浆液流动过远而造成浆材大量浪费，灌浆中采取了浓浆间歇灌注、限流限量灌注、待凝等措施。通过施工中不断摸索，此类灌浆限量标准一般采用 3~5t 后，待凝时间 48h，经多次扫孔复灌至达到设计灌浆结束标准。如右岸趾板第 19~26 块位于庙包岩溶发育区，钻孔揭示，该部位溶沟、溶槽发育，且以黄泥充填为主，采用纯水泥浆液灌注，在灌浆过程中采取了间歇、限量、待凝等灌浆措施，通过反复扫孔复灌至达到设计灌浆结束标准。

帷幕灌浆质量检查表明，对钻灌过程中揭示的岩溶采取上述处理措施后，基岩透水率均达到设计防渗要求，幕体水泥结石致密，强度高，满足工程防渗要求。

6.1.6　运行期岩溶渗漏处理

2007 年，水布垭大坝蓄水后，左岸高程 240m 灌浆平洞衬砌混凝土面出现 2 处集中渗漏。一处位于大坝趾板下方、灌浆平洞临江端第 77 衬砌段，与大坝趾板的最小距离约为 20m，漏水点位于平洞下游侧壁面，漏水量 300L/min，渗漏水头压力 0.75MPa。另一处位于灌浆平洞远岸、邹家沟左侧附近的第 4 衬砌段，距大坝约 900m，与最近的库水水源 1 号导流洞的最小距离为 300m 左右。渗漏点位于帷幕下游、灌浆平洞底板上，漏水量 200L/min 以上。

1. 远岸集中渗漏处理

地质勘探分析认为，远岸第 4 衬砌段的集中渗漏水来源于帷幕后山体地下水补给，来自库水补给的可能性小。其形成原因主要是防渗帷幕形成后，阻断了原有的山体地下水自下游向上游水库方向的渗流，使下游山体地下水位不断升高，渗透压力不断增大，最终击穿灌浆平洞衬砌混凝土结构，形成集中渗漏。因此，该集中渗漏点采取在下游壁面增补排水孔加强排水，以减小衬砌混凝土结构的外水压力，同时加强对渗漏水流量、压力以及灌浆平洞稳定性监测。

2. 近岸集中渗漏处理

地质勘探分析表明，临江端第 77 衬砌段的集中渗漏为水库渗漏，库水沿 F_{14} 断层击穿防渗帷幕发生渗漏，须进行防渗堵漏处理。渗漏处理共研究、比较了渗漏点处安装止水盒进行反向灌浆和沿防渗帷幕线补强灌浆等两个方案。分析认为，渗漏点处反向灌浆方案可快速封堵渗漏通道，但存在以下风险：①灌浆平洞为薄衬砌结构，耐压能力差，而漏水水头压力达 0.75MPa，反向灌浆时压力更高，可能造成渗漏点周边衬砌结构失稳、垮塌；②渗漏点位于下游壁面上，止水盒安装、固定、止水以及灌浆施工难度大；③即使反向灌浆成功封堵了渗漏通道，但防渗帷幕处仍可能存在防渗缺口，后期还有可能再次发生渗漏。由于渗漏通道离大坝很近，甚至有可能形成库水→防渗帷幕→大坝坝体的渗漏途径，带来严重后果。

沿防渗帷幕线补强灌浆方案虽然处理工程量稍大，但可规避上述风险，且在封堵渗漏通道的同时，还可对渗漏区内防渗薄弱部位进行灌浆补强，增强帷幕的防渗能力。因此，渗漏处理采用沿帷幕线对渗漏区防渗帷幕进行补强灌浆方案。具体为在渗漏区灌浆平洞的顶拱布置一排共 29 个垂直向上的帷幕灌浆孔，孔距 2m。由于补充帷幕孔位于大坝左岸趾板下方，为避免钻孔打穿大坝趾板或灌浆致趾板抬动破坏，钻孔时严格控制孔深，规定孔底距上方大坝趾板最小高差不得小于 8m，实际钻孔孔深一般 3.5~40m。相应的灌浆施工方法及控制措施、要求如下：①灌浆孔分 3 序施工，先施工 I 序孔，查明集中渗漏点具体位置，进行堵漏灌浆。②灌浆前，在漏水点处安装止水盒，止水盒采用千斤顶压实、固定，止水盒上安装排水管和控制闸阀。灌浆前关闭闸阀，使堵漏灌浆处于静水灌浆模式下施工。③灌浆采用孔口封闭法施工，允许最大灌浆压力为 2MPa，但终孔段最大灌浆压力不得大于 1.5MPa。④灌浆采用纯水泥浆液灌注，集中漏水堵漏灌浆采用浓浆加速凝剂灌注，后期补强灌浆采用常规水泥浆液灌注。

6.1.7 防渗效果评价

左岸高程 200m 灌浆平洞防渗帷幕是优化设计的主要部位，大坝趾板防渗帷幕因其重要性和后期无检修条件的特殊性，两个部分的防渗帷幕对水布垭水电站防渗而言都具有特别意义。本书以上述两个部位为代表，介绍水布垭水电站帷幕灌浆效果和质量。

6.1.7.1 大坝趾板灌浆成果分析

趾板帷幕灌浆分左岸趾板、右岸趾板和河床水平段 3 个灌浆区，对基础防渗而言，两岸岸坡发育的岩溶是趾板灌浆面临的最大地质问题。两岸趾板出露的规模大的溶洞、溶槽，灌浆前一般进行了清理和混凝土回填处理。但右岸岸坡部分溶洞受坝体填筑施工制约，未彻底清理后进行混凝土回填处理，造成灌浆时吸浆量大，一般采用 3 排帷幕灌浆，局部灌浆孔距加密至 0.5~1.0m 后才达到设计防渗要求。

根据统计，大坝左岸趾板 Ⅰ、Ⅱ、Ⅲ 序帷幕孔之间，单耗递减率分别为 52.4%、66.4%；河床水平段 Ⅰ、Ⅱ、Ⅲ 序孔之间，单耗递减率分别为 78.7%、45%；大坝右岸趾板 Ⅰ、Ⅱ、Ⅲ 序孔之间，单耗递减率分别为 38.62%、30.33%。随孔序增加，左、右岸以及河床水平段趾板帷幕灌浆单耗均大幅递减，符合灌浆分序递减规律，说明帷幕灌浆效果很好。

帷幕灌浆完成后，左岸趾板、右岸趾板及河床水平段趾板共布置了 75 个灌浆质量检查孔，检查成果表明，75 个检查孔的所有孔段压水试验基岩透水率均达到 $q \leqslant 1Lu$ 的设计标准，检查合格。

左岸趾板、右岸趾板及河床水平段趾板检查孔岩芯中均发现水泥结石，经不完全统计：左岸趾板有 9 孔，共发现 18 处水泥结石；河床水平段趾板有 4 孔，共发现 14 处水泥结石；右岸趾板有 4 孔，共发现 6 处水泥结石。水泥结石主要沿高倾角裂隙充填，长度多为 0.1~0.4m，厚度 1~3mm，与裂隙胶结良好，直观地证明帷幕灌浆对裂隙起到很好的充填和胶结作用。

6.1.7.2　左岸高程 200m 平洞灌浆成果分析

灌浆平洞开挖揭示了 5 个小溶洞及 11 条大小断层。规模较大的断层为 F_{13}、F_{14}，断层构造岩主要为方解石脉胶结的灰岩角砾岩，胶结紧密；小溶洞主要顺裂隙性断层及裂隙发育，规模小，长 0.1~2.5m，高 0.1~0.2m，方量 0.02~2m^3，一般充泥。灌浆钻孔揭示，有 8 孔共 10 处存在溶蚀现象，见表 6-5。

表 6-5　左岸高程 200m 灌浆孔揭示岩溶现象统计表

孔号	孔深（m）	钻孔情况
L5-1-114-Ⅲ	40.9	充黄泥
L5-1-173-Ⅰ	69.8~70.8	孔内掉钻
	71.4	断层充黄泥
	72.2~72.75	孔内掉钻
L5-1-185-Ⅰ	39.4	充黄泥

续表

孔号	孔深（m）	钻孔情况
L5-3-3-Ⅱ-1	4.5	漏水量 112.3L/min，无回水
L5-3-2-Ⅱ-6	4.5	
L5-3-3-Ⅱ-5	4.5	漏水量 59.23 L/min，无压无回水
L5-3-5-Ⅱ-5	4.5	
L5-3-补-1	4.5	

灌浆过程中，L5-1-173-Ⅰ孔孔深 66.10~71.4m 的灌段与 L5-1-185-Ⅰ孔孔深 60.7~65.7m 的灌段发生串通，串浆处为栖霞组第 4 段与第 3 段灰岩分界线，属顺层渗透。本层平洞帷幕灌浆成果见表 6-6、表 6-7。

表 6-6　左岸高程 200m 平洞帷幕灌浆透水率分区统计表

排序	孔序	孔数	平均透水率（Lu）	段数	<1Lu	1~5Lu	5~10Lu	10~50Lu	>50Lu
1	Ⅰ	41	27.96	716	83.3	12.7	1.3	1	1.7
	Ⅱ	30	1.96	591	94.7	4.3	0.5	0.5	
	Ⅲ	31	0.40	670	98.8	1.2			
2	Ⅰ	1	0.10	26	96.2	3.8			
	Ⅱ	1	0.07	26	100.0				
	Ⅲ	5	0.03	108	99.1		0.9		

表 6-7　左岸高程 200m 平洞帷幕灌浆单耗分区统计表

排序	孔序	孔数	段数	平均单耗（kg/m）	<5 kg/m	5~50 kg/m	50~100 kg/m	100~1000 kg/m	>1000 kg/m
1	Ⅰ	41	716	80.28	55.8	30.7	2.2	9.8	1.5
	Ⅱ	30	591	27.84	77.6	17.3	0.7	3.7	0.7
	Ⅲ	31	670	3.73	92.8	5.7	0.9	0.6	
2	Ⅰ	1	26	6.76	88.5	7.7		3.8	
	Ⅱ	1	26	2.70	88.5	11.5			
	Ⅲ	5	108	8.25	91.7	6.5	0.9	0.9	

分析表 6-6、表 6-7，得出以下结论。

（1）先灌排帷幕孔随孔序增加，透水率递减显著，其Ⅰ、Ⅱ、Ⅲ序孔平均透水率分别为 27.96Lu、1.96Lu、0.4Lu，至Ⅲ序孔施工时，孔段最大的透水率已减小到 5Lu 以内。

（2）帷幕灌浆中，有 83 段单耗大于 200kg/m，其中有 15 段单耗达 1000kg/m 以上，大漏量孔段主要为先灌排Ⅰ序孔，多位于栖霞组第 4 段灰岩中。但随灌浆排、序的增加，单耗递减显著，如先灌排Ⅰ、Ⅱ、Ⅲ序孔平均单耗分别为 80.28kg/m、27.84kg/m、3.73kg/m，Ⅲ序孔灌浆时，单耗大于 100kg/m 的孔段已由Ⅰ序孔的 81 段减少为 4 段，且再未出现单耗大于 1000kg/m 的孔段。

（3）后灌排帷幕孔布置于近坝地段，除 1 段因外漏，有个别孔段单耗大于 100kg/m 外，其余孔段透水率和单耗均很小。

本层灌浆平洞共布置了 7 个检查孔，进行 136 段压水试验，压水试验检查表明，优化设计后，防渗帷幕除 2 个检查孔接触段沿廊道底板外漏造成透水率略大于设计标准外，其余段次均满足设计要求。因此，实施的优化设计方案防渗性能是可靠的，优化后的防渗帷幕质量满足工程防渗要求。

6.1.8　小结

6.1.8.1　岩溶地层防渗设计思路与理念

通过对水布垭岩溶发育特点、规模、强度的深入研究，以及对岩溶防渗施工经验的不断总结，归纳出一套"变岩溶化岩体为裂隙性岩体"的岩溶防渗设计理念。即在基础工程地质特性研究的基础上，准确界定岩溶管道系统的空间位置与规模，对强岩溶层，尽可能地利用已有的灌浆平洞、施工支洞等施工通道进行岩溶追踪、清理，达到设计要求后采用低标号混凝土进行封堵回填，使帷幕轴线上、下游一定范围内的岩体基本达到"变岩溶化岩体为裂隙性岩体"要求后再进行帷幕灌浆施工。

这种设计理论有效地避开了单一灌浆法最难处理的强岩溶灌浆问题，大幅减小了灌浆施工难度与工程量，防渗处理质量更直观、可靠，施工进度快。同时，由于岩溶清理、回填施工造价远远低于灌浆工程造价，因而工程投资也较节省。

6.1.8.2　岩溶防渗处理方法

1. 岩溶追踪清理回填法

水布垭水电站岩溶发育，其中高程 300m 以上为强岩溶地层。为保证帷幕灌浆施工顺利进行，减小帷幕灌浆施工难度，灌浆平洞开挖施工期间，利用灌浆平洞对溶洞采取了追踪清理后回填低标号混凝土的处理方法。其中左坝肩高程 350.0~400.0m、长约 200m 的范围以Ⅶ号岩溶系统为主形成的大型岩溶洞群，为减小岩溶清理难度，保证岩溶处理现场施工安全和岩溶回填封堵质量，采取在高程 375.0m 左右增设施工支洞，进行岩溶追踪清理和混凝土回填处理。岩溶清理回填范围一般为向上游至距防渗帷幕不小于 15m、向下游至距防渗帷幕不小于 10m，回填混凝土强度等级为 C15（三级配）。

2. 岩溶灌浆方法

钻孔灌浆过程中揭露的岩溶洞穴，一般对规模较大、埋深较浅的溶洞可采取开挖竖井或钻设大口径钻孔方式，进行人工清理后回填混凝土处理。此外，更多的岩溶洞穴仍以灌浆方式处理为主，其防渗处理方法主要根据岩溶规模、岩溶充填物的性状和充填程度等确定。一般来讲，充泥型岩溶主要采用浓水泥浆液灌注，无充填或少量充填型溶洞多采用砂浆、细骨料混凝土等灌注。水布垭水电站岩溶处理采用灌浆方法主要有以下几种：

（1）砂浆灌注法。主要用于无充填或少量充填的中小型溶洞。如水布垭水工程灌浆施工中对易发生钻孔失水、掉钻等的脱空型溶缝、溶沟、溶槽和小溶洞等多采用此法灌注，其砂浆配合比一般采用 1:1:0.6，灌浆要求至不吸浆后待凝 72h，再扫孔用纯水泥浆复灌。

（2）孔口投砂注浆法。主要用于无充填或少量充填的较大型溶洞，施工时自孔口边倒砂、边注浓浆，期间间歇性地用钻杆捣实，待其孔口返浆后再用高压密实。如位于水布垭水电站大坝左岸趾板 19~24 块的庙包岩溶发育区，由于种种原因，灌前未对岩溶采取"变岩溶化岩体为裂隙性岩体"式的清理、回填处理，因而留有一些规模相对较大的溶洞。现场施工中，对脱空较大的溶洞采取了孔口投砂注浆法灌注，灌后检查，该灌浆法形成的结石强度满足设计要求。

（3）间歇灌浆法。对溶缝型或充填型溶洞，最常用的灌浆处理方法就是间歇灌浆法，一般在岩溶地层上兴建的水电工程灌浆过程中大多采用该方法，但在灌入量的控制以及待凝时间控制方面，各工程又不尽相同。水布垭水电站帷幕灌浆施工要求间歇灌浆采用 1:0.5 的浓浆灌注，水泥灌入量达 3~5t 后待凝，待凝不少于 48h，其后再扫孔复灌，经如此多次反复灌注，达到设计灌浆压力下的灌浆结束标准后结束灌浆作业。

3. 岩溶与渗漏关系

其实，"岩溶"不等于"渗漏"，岩溶发育仅仅是岩溶渗漏的一个必备条件而已。但许多工程出于防渗安全考虑，对防渗帷幕线路上的岩溶洞穴不无例外地采取了防渗封堵处理，有的工程由于岩溶规模大、处理困难而不得不斥之巨资。对清江流域岩溶追踪、研究的情况来看，很多溶洞，尤其是一些远离库岸的溶洞即使不采取任何防渗处理措施，蓄水后也不会发生岩溶渗漏，因为它们与库水间根本不存在水力联系，或者水力联系极弱，不构成岩溶渗漏条件。若对这些岩溶仍花费大量的人力、财力进行防渗处理无疑是浪费。因此，岩溶地区的防渗设计，除了要查明岩溶的发育规模、强度、性状等以外，岩溶与库水间的水力联系研究也十分重要，只有这样才使岩溶防渗设计做到有的放矢、经济合理。

关于这方面，水布垭左岸Ⅰ号岩溶系统防渗优化设计提供了一个很好的工程借鉴实例。Ⅰ号岩溶系统是一个体积达数十万立方米的巨型管道岩溶系统，处理技术复杂，工程量庞大，一直是水布垭水电站防渗处理的难点。但通过岩溶追踪、补充钻孔勘探、同位素示踪试验、钻孔电磁波透视、地表水系特征调查等多种手段勘察、研究，发现并证明，虽然Ⅰ号岩溶系统岩溶发育，但该岩溶系统与库水之间存在一个宽约120m的条带状非岩溶化地块，隔开了岩溶系统与库水的水力联系，水库蓄水后不具备形成库水沿该岩溶系统发生岩溶管道性渗漏的条件。因此，施工期间取消了原设计对Ⅰ号岩溶系统所有的防渗封堵处理措施，节省了大量工程投资。水库蓄水运行以来的实践证明，该处未出现管道性岩溶渗漏，说明针对Ⅰ号岩溶系统的优化设计是成功的，也进一步印证了岩溶与库水间水力联系研究工作的重要性和必要性。

6.2　西北口面板堆石坝岩溶渗漏处理经验

6.2.1　工程概况

西北口水库工程位于宜昌市夷陵区分乡镇境内、长江一级支流黄柏河东支中游，大坝距离上游天福庙大坝26km，距离下游尚家河大坝9km，至葛洲坝工程三江上游航道65km。西北口水库工程等别为Ⅱ等，主要建筑物大坝、溢洪道、泄洪洞、发电放空洞为2级建筑物。

西北口水库坝址以上集雨面积862km²，多年平均降雨量1150mm，多年平均径流量3.88×10⁸m³。水库总库容1.96×10⁸m³，是一座以蓄水灌溉为主，兼有防洪、发电、城镇供水等综合效益的大(2)型水库(图6-4)。西北口水库是宜昌城区百万居民和东风渠灌区百万亩农田灌溉的主要水源,电站年平均发电量 $5.51×10^7 kW \cdot h$。

西北口水库工程等别为Ⅱ等,主要建筑物大坝、溢洪道、泄洪洞、发电放空洞为2级建筑物。根据《防洪标准》(GB 50201—2014)及《水利水电工程等级划分及洪水标准》(SL 252—2017),大坝应采用100~500年一遇洪水设计,2000~5000年一遇洪水校核。

图6-4 西北口面板堆石坝全貌图

西北口水库于1991年下闸后,1992年6月15日水位在降雨期间升至306m时(3d水位上涨7.25m),坝后河中发现浑浊状黄泥水渗出,下游方坑水位2h内由249.39m上升到252.52m,同时发现有4处涌水点,7号测压管出现喷水,下游河床出现明流。坝后渗水逐渐变清后又出现了3次断续浑水,此后渗水始终清澈透明,无杂质和砂粒,渗漏量随库水位的上升而增大,表明坝后产生了较严重的集中渗流破坏。据实测资料,坝后最大渗流量为 $1.8 m^3/s$,7号测压管最高水位为261.76m,高于河床约20m。分析表明,以承压水形式出渗的涌水来自坝后右岸,位于坝后洪道左边墙附近的7号测压管代表了涌水的集中出渗区。渗漏观测点布置见图6-5。

1992年6月,水库发生渗漏破坏后,进行了水库放空检查与处理。

1994年3月,水库重新蓄水,坝后渗漏量明显减少。但是此后运行过程中,与同类工程相比,西北口水库渗漏量偏大。

2002年,水库进行了第一次除险加固,但坝后渗漏量并未明显降低(目测,无实测对比数据),大坝下游渗漏点并未减少。

大坝下游共有L1~L4四个明显渗漏点(图6-6),常年渗水且有明水流出,可以听

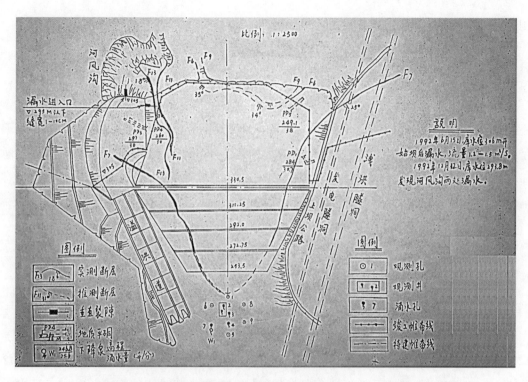

图 6-5　水库渗漏观测布置示意图(据湖北省院 1994 年资料)

图 6-6　大坝下游渗漏点分布示意图

到堆石棱体中的流水声,渗漏量无法精确观测。此外,坝后高程 280m 平台、溢洪道左侧也存在渗漏,该点渗漏呈年度周期循环态势,水质清澈,季节性变化明显,渗漏主要集中在当年 11—12 月及次年 1—3 月,最大渗漏量一般发生在 12 月或者 1 月,实测最大渗漏量约 7.3L/s。

6.2.2 可能的渗漏通道及原因分析

确定渗漏通道的具体位置并查明渗漏原因，是西北口水库大坝除险加固的关键。

根据工程经验，面板坝渗漏通道无外乎三种可能：一是坝基渗漏或山体绕渗；二是面板或趾板裂缝渗漏；三是过水流道内水外渗。本书将对渗漏相关的工程情况、地质条件、施工资料、运行资料进行分析，以便清晰地呈现工程的基本信息。同时，对地勘、物探等资料进行分析，以验证推测结论的正确性，为堵漏提供依据。

6.2.2.1 坝基岩体渗漏分析

1. 地质条件对工程建设方案的影响

西北口坝址区基岩主要为寒武纪灰岩，单斜构造，岩层走向 10°～20°，倾角 9°～12°并倾向下游。地表岩体卸荷裂隙极为发育，缓倾角断层较多，沿断层构造岩溶发育（主要集中在右岸）。河床覆盖层（砂砾石）及右岸溢洪道部位的崩滑堆积体（碎块石土）的最大厚度超过 20m。

西北口大坝最初设计坝型为混凝土重力拱坝。1979 年，基础开挖并浇筑部分基础混凝土后，发现坝基存在倾向下游的缓倾角泥灰岩、页岩软弱夹层以及 F_6 大断层等难以处理的地质问题，严重影响坝肩岩体的稳定性，而当时的技术水平尚不能有效解决。因此，拱坝方案随即停建。

为了适应地质条件，宜昌市水电设计院重新进行了地勘与设计研究，提出将西北口水库大坝由拱坝改变为沥青混凝土面板坝的方案。1983 年，水利电力部批复同意坝型调整。

此后，在设计过程中，土石坝施工技术又有了快速发展。为了节约投资并解决其他相关技术问题，设计单位于 1985 年再次提出坝型调整方案，即将沥青混凝土面板堆石坝调整为混凝土面板堆石坝。经过相关技术部门审查分析，1986 年水电部正式批准西北口大坝按混凝土面板堆石坝方案进行设计、建设。方案调整后的西北口大坝最大坝高 95m，是我国第一座百米级的面板坝，许多技术难题尚无经验可循。因此，国家将该坝纳入了"七五"重点技术攻关项目。

从上述设计过程可以看出，地质条件对工程设计方案的影响较大。结合各阶段地勘资料及安全鉴定意见，右岸断层、岩溶、裂隙和河床覆盖层等地质问题对西北口坝基防渗的影响明显。

2. 坝基可能的渗漏通道

1)河床覆盖层渗漏通道的可能性分析

根据 2016 年安全鉴定报告:"由于水库大坝坝基清基不彻底,保留了部分河床冲洪积覆盖层,主要为砂卵石,其透水性较强,渗透系数一般为 $1×10^{-2}cm/s$,具强透水性,对坝基渗漏,尤其是坝体与坝基结合部位渗漏可能有一定影响。"

原设计资料中,未清除的河床覆盖层主要位于主堆石区下部。趾板等部位的覆盖层已经清除至基岩,并采取了双排帷幕灌浆处理,趾板宽度约 4.5m。因此,河床未清理的覆盖层对坝基渗漏的影响应该比较有限。

2)右岸坝基渗漏通道的可能性分析

西北口坝址区岩溶在右岸山体沿 F_{11}、F_{13}、F_7 等断层发育得较为密集,鉴于岩溶规模不大,原勘察设计结论认为不存在贯穿帷幕的管道性岩溶渗漏通道。施工过程中,对坝基揭露的主要岩溶进行了追挖与换填处理,但受限于当时的工作条件,对坝基岩溶的排查与处理并不彻底。

1992 年 12 月 12 日,水库放空处理过程中当库水位降至高程 294m 时,位于大坝上游、右岸溢洪道进口前的河风沟发现两条较大、垂直的岩体卸荷裂隙漏水进水口(分布高程约 293m),并能听得到较大的流水声。1992 年 12 月和 1993 年 12 月分别进行了连通试验,表明该处库水自右岸向坝后渗漏,且漏水点渗漏途径短、流速大、流量集中,属深槽、深洞直管式渗漏。

1994 年 1 月,当库水位降至高程 268m 时,发现右岸 F_{13} 断层部位有 4 个明显溶洞进水口。通过平洞追踪,发现第 8 号进水口为一大型水平溶洞,长度达 78.4m,并与 K7 溶洞相通。2 月,当库水位降至高程 267m 时,下游几个翻水点停止翻水,且下游几个测压管的水位也趋于相同(基本稳定在水位 248.3m),下游漏水迹象消失。整个过程中,左岸上游没有发现渗漏进水口。

为了分析右岸渗漏通道的分布规律,补充了钻孔、探槽和探洞等地勘工作。这次进一步发现: F_{13} 断层附近还存在 4 个岩溶进水口,且主要进水口为 K8 岩溶通道,充填黄泥和卵石;距离河风沟 95m 处存在一处落水洞。

上述通道及勘探平洞、探槽等分布位置详见图 6-7 所示。

3. 右岸坝基防渗历史渗漏险情处理

1)1992 年至 1994 年渗漏处理情况

根据水库放空检查及补充地勘结果,当时针对右岸坝基渗漏情况的处理方案如下:

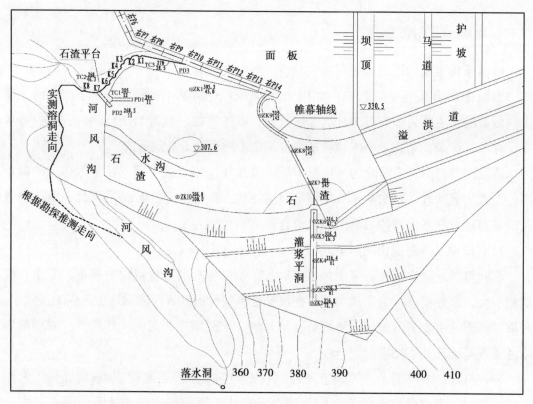

图 6-7 坝基右岸渗漏通道勘探布置示意图(据湖北省水利水电规划勘测院，1994 年)

（1）防渗帷幕：完成右岸高程 316m 灌浆平洞长约 82m 的防渗帷幕灌浆，局部帷幕底线高程从 260m 加深至 240m。其中，当灌浆至高程 256~251m 时，灌浆吸浆量突然增大(有两个孔的水泥灌入量分别为 158t 和 310t)，对照地质资料，该孔段恰位于 F_{13} 断层发育部位。

（2）溶洞进水口：采用混凝土封堵或回填灌浆处理。

（3）F_{13} 断层：该断层在高程 270m(探槽 TC3)与右岸 P10 趾板相交，先人工清除交点附近 28.5m 范围内的断层泥和角砾岩，再对与趾板相交点附近 2m 段断层用防水宝处理。其余部位回填 C15 混凝土或用水泥预缩砂浆嵌缝处理。

（4）地表卸荷裂隙：对 F_{13} 断层以上的大裂隙进行喷浆处理或灌浆处理(溢洪道进口附近高程 293m 裂隙进水口)。

采取上述方案处理后再次下闸蓄水后显示：当库水位上升时，下游水位变化不明显，当库水位超过 270m 以后(最高水位曾达 323m)，坝后测压管水位基本稳定为 246.12~251.65m，与处理前水库放空至 267m 时下游测压管水位 248.3m 基本相当，远低于 1992 年 6 月涌水时 7 号测压管最高水位 261.76m，也未见明显渗漏点，说明此次水库放空处理对于减少渗漏量的效果明显。

2）2002 年第一次除险加固情况

由于资金限制，1992 年至 1994 年放空处理时，右岸防渗处理并不彻底，防渗帷幕仅实施了 50m，尚有 32m 未实施；高程 316m 以上部位无防渗措施。运行过程中发现，当库水位变化时，坝后测压管水位也相应波动，坝后渗漏量随着水位升高也有一定增加。

2002 年，西北口水库进行第一次除险加固时，对右岸 316m 灌浆平洞下部尚未实施的帷幕进行了灌浆，但高程 316m 以上并未采取防渗措施。该次除险加固对于进一步减少坝后渗漏量的作用并不明显，下游坝脚常年渗水且有明水流出，可以听到堆石棱体中的流水声，坝后渗漏量估算约 900L/s，说明坝基仍然存在渗漏通道。

4. 坝基渗漏的可能原因及验证

根据前述地质资料和施工资料，对坝基渗漏的原因，可以初步得出以下认识。

第一，沿 F_{13} 等断层发育的岩溶通道与地表卸荷裂隙相互沟通，是右岸渗漏的主要原因。对于地表裂隙，仅采用喷混凝土防渗，可靠性较低；F_{13} 断层与趾板相交部位进行了人工清理并采用防水宝处理，如果清基不彻底，也可能出现防水宝材料整体被挤出破坏。

第二，对坝基右岸的主要岩溶虽然采用了追挖、封堵回填、灌浆等防渗措施，但处理范围偏小。比如：高程 316m 以上无防渗措施，存在防渗缺口；地质勘探曾在河风沟发现一规模较大的落水洞，但防渗帷幕并未覆盖该部位，说明帷幕长度可能偏小，可能存在绕坝渗漏问题。

第三，已有资料判断右岸坝基渗漏入口最低高程为 267m 左右，防渗帷幕线上的岩溶发育底线为 251~256m。但是，由于河床基岩出露高程约 240m，不排除防渗帷幕线高程 251m 以下仍存在岩溶通道的可能。

第四，河床覆盖层未彻底清除，可能对河床坝基的防渗有一定影响。

为了验证上述判断是否属实，采用磁电阻率法对整个坝基的渗漏通道（库水位以下部分）进行检测，并在坝基有针对性地布置了 7 个钻孔，通过钻孔取芯、孔内电视录像、压水试验和连通试验等手段综合分析。

1）磁电阻率法探测渗漏通道

为了验证并判断坝基是否存在确定的渗漏通道，采用了磁电阻率法（Willowstick 技术）进行探测。

该方法基于地下渗漏水流会增强潜在通道导电性的工作原理，即：当信号电流在特别设置的电极(位于大坝的上、下游)之间传导时，会集中在强导电区域(比如导电性最强的通道上)，该区域即是水可能从水库中漏出的潜在通道。传导的电流会产生一个磁场，对磁场的测量及模拟可以用来定位电流走向，将测量到的磁场数据与均值环境模型中的磁场预测值进行对比，来突出与模型均值异常的区域，通过反演模型进一步分析结果，用三维空间来描述电流的分布，集中的电流或分布即可解释和模拟、显示渗漏的具体路径。具体原理图见图6-8。

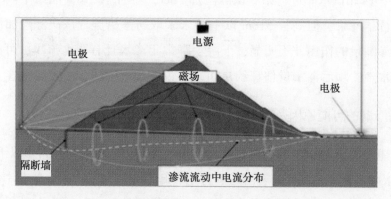

图6-8　磁电阻率法渗漏探测原理示意图

探测结果显示(图6-9~图6-12)：

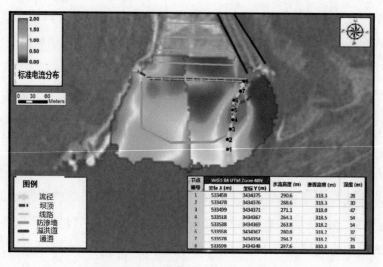

图6-9　西北口水库坝基电磁场分布云图

坝基及左岸电磁场强度极低，左岸山体、趾板及面板不存在明显渗漏通道；右岸溢洪道进口导墙下部附近存在强磁场分布区(见图6-10右侧绿色区)，即存在明显渗漏通道(图 6-9、图 6-11 和图 6-12 中的黄色线标示区)，渗漏通道入口与右岸 P8 趾板相交坐标为($X = 533499$，$Y = 3434371$)、高程为 271.1m，渗漏通道沿坝体及溢洪道泄槽底板向坝后展布(由于未获得溢洪道部位电磁场强度，故坝后渗漏通道的具体路径未能确定)。

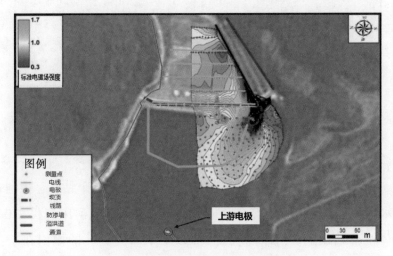

图 6-10 坝基右岸电磁场强度分布图

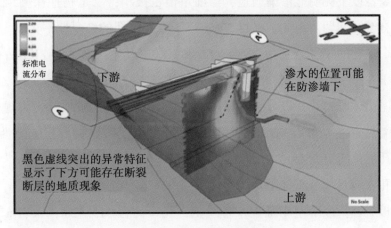

图 6-11 坝基右岸渗漏通道位置剖视图(A—A′)

根据探测确定的渗漏通道入口位置，对照 1994 年补充地勘资料，该渗漏通道入口恰好位于 F_{13} 清挖探槽 TC3 与右岸趾板 P10 段相交部位。该部位原处理方案是对趾板部位探槽采用防水宝填堵，其他探槽段采用 C15 混凝土及预缩砂浆回填，趾板布置两排帷幕灌浆。探测结果说明 F_{13} 断层及 TC3 探槽处理存在缺陷，是造成坝基水下渗漏的主要原因。

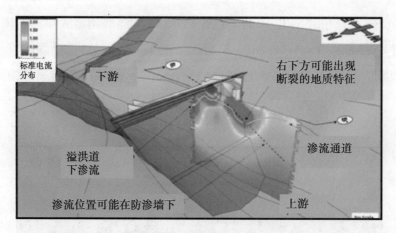

图 6-12　坝基右岸渗漏通道位置剖视图(B—B′)

2)钻孔验证

为了进一步验证磁电阻率法探测结果,在坝基布置了 6 个钻孔,拟通过取芯、电视录像、压水试验和连通试验等综合分析。钻孔主要布置在河床高程 270m 以上的趾板及右岸山体帷幕轴线上。河床高程 270m 以下未布置钻孔的原因在于:一是高程 270m 以下的趾板在蓄水前已经采用厚度 10~30m 的黏土及砂卵石覆盖处理,历次检查数据显示该高程以下无明显渗漏通道,渗漏量值也极小;二是物探探测结果也未发现该高程以下有渗漏问题。因此,高程 270m 以下布置钻孔的必要性不大。

坝基 6 个钻孔的编号分别为 ZK1~ZK5 和 ZK9。其中,ZK1 和 ZK2 钻孔分别沿帷幕轴线布置于左岸、右岸趾板,以判断趾板与基岩接触部位的渗漏情况;ZK3~ZK5 钻孔布置于右岸山体帷幕线,以分析右岸帷幕的防渗性能及地质缺陷发育规律;ZK9 布置于坝后靠溢洪道左岸边墙高程 280m 处,通过水位观测数据分析上下游水位关系。右岸 5 个钻孔的位置见图 6-13。

对各钻孔资料具体分析如下:

左岸趾板 ZK1:位于左岸趾板帷幕线上,孔口高程 315.42m,入岩 62.3m。全孔岩体完整性好,局部见断层裂隙及溶蚀裂隙,充填黄泥及钙质,岩体透水率为 1.09~2.41Lu,小于防渗帷幕设计标准。说明左岸岩体渗漏量极为有限,不存在渗漏通道,与物探及前期地勘结论一致。

右岸趾板 ZK2:该孔的目的是验证右岸趾板 F_{13} 断层部位的渗漏入口。但由于现场水上钻孔难度大、条件复杂,为了避免打穿面板,实际开孔位置与设计孔位存在约12m 的水平偏差,但孔位仍位于右岸趾板帷幕线上,孔口高程 280.82m,孔底高程约200m,孔深约 80.82m。钻孔电视录像及声波测试表明:ZK2 孔内见较多断裂构造,多

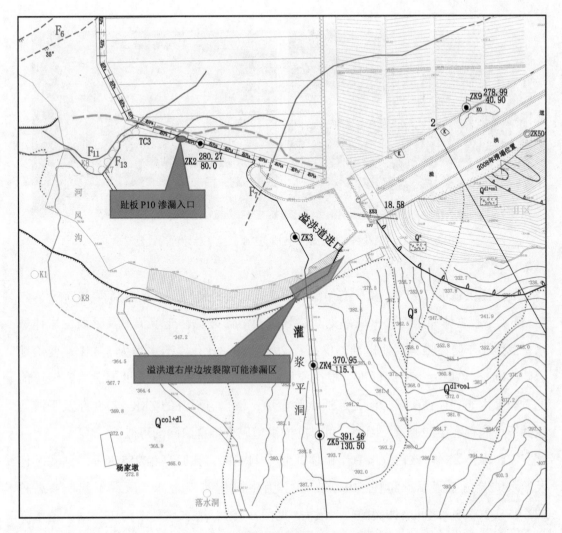

图 6-13 本阶段右岸坝基钻孔布置示意图

充填黄色泥钙质，水流现象频繁；高程 262.92~260.42m 见 F_{13} 断层，有高度约 8cm 的溶蚀孔洞，与原 TC3 探槽揭示的断层位置基本吻合，平均透水率为 5.99Lu；高程 244.92~244.52m 见 F_{11} 断层，张开宽约 8cm，压水测试透水率 3.07Lu；高程 216.42~215.62m 见 F_6 断层，溶孔孔径达 20cm，钻进该溶孔后，孔内水位突降了 30m，压水试验不起压，泵入最大水量时仅到 0.2MPa(50.2L/min)。压水试验及连通试验表明：右趾板基础下，高程 216.42~215.62m 沿 F_6 断层存在一流量较大的渗透通道，色素于坝后冲坑中溢出(见图 6-14)；高程 262.92~260.42m 见 F_{13} 断层，其下防渗帷幕连续 7 段压水不满足设计标准。综上分析，钻孔 ZK2 由于位置偏差，并没有直接验证 F_{13} 断层与趾板交汇处存在的渗漏入口；但是 F_{13} 断层以下的深部岩体(包括帷幕底线以下)存在渗漏通道(主要沿 F_6 断层)，有必要对原帷幕补强灌浆并加深帷幕底线。

图 6-14   ZK2 钻孔(F_{13}断层以下孔段)连通试验下游冲坑褐红色泛出

右岸溢洪道进口 ZK3：位于右岸溢洪道进口底板帷幕线上，孔口高程 305m，入岩 55.4m。全孔岩体完整性好，局部见断层裂隙及溶蚀裂隙，充填黄泥及钙质，岩体透水率总体小于防渗帷幕设计标准，仅高程 295~289.8m 孔段透水率为 3.12Lu（受溶蚀裂隙影响），略微大于防渗标准。根据原地勘资料，该钻孔位与溢洪道泄槽岩溶可能通过裂隙沟通并存在渗漏。但是连通试验显示，该孔与下游的 ZK8、ZK9 孔及下游河道并不可能存在渗漏通道。因此，可排除溢洪道底板帷幕渗漏的可能性。

右岸山体 ZK4：该孔位于右岸山体灌浆平洞中部，孔底高程 255.85m。钻孔芯样及压水试验成果显示，高程 310.05m 以上为中风化破碎岩体，压水不起压；高程 272.25~310.05m 之间岩体裂隙较为发育（见图 6-15），透水率基本为 3~5Lu，透水率超标；高程 272.25m 以下岩体透水率未超过 0.9Lu。根据原勘察设计资料及该钻孔情况，证实了右岸灌浆平洞底板高程以上没有防渗措施，存在渗漏缺口；透水率超标区整体位于 F_{13} 断层发育的高程以上，该区域帷幕存在裂隙性渗漏通道。由于该钻孔孔底高程仅为 255.85m（此处已有帷幕底线高程为 250m），故孔底以下是否还存在透水率超标及渗漏可能，尚不确定。

右岸山体 ZK5：该孔位于右岸灌浆平洞山体侧末端，孔底高程 260.96m。钻孔芯样及压水试验成果显示，高程 312.41m 以上为中风化破碎岩体，透水率基本为 7.2~10.7Lu，远超过帷幕防渗标准；高程 273.56~289.66m 之间岩体裂隙较为发育，透水率基本为 3.7~3.8Lu，透水率超标。根据原勘察设计资料及该钻孔情况，证实了右岸灌浆平洞底板高程 316m 以上没有防渗措施，存在渗漏缺口；透水率超标区整体位于 F_{13} 断层发育的高程以上，该区域帷幕存在裂隙性渗漏，但连通试验并未证实该孔与下

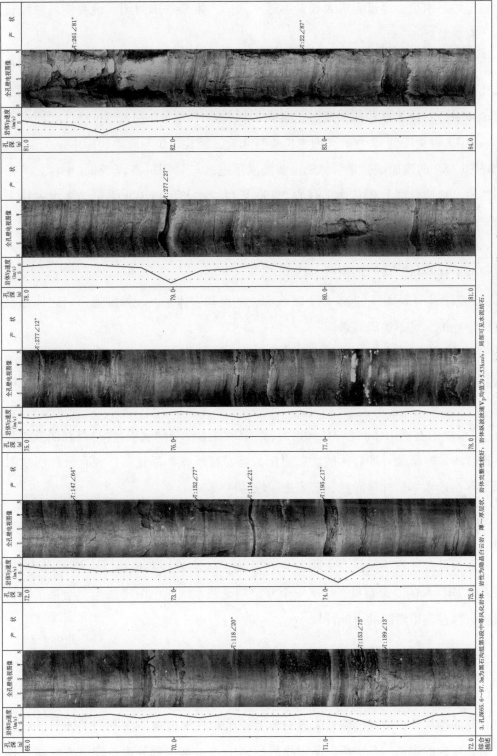

图6-15　右岸坝基ZK4钻孔(防渗缺口典型段)电视录像（高程302~287m段）

游存在直接的渗漏通道；现有防渗帷幕终端部位岩体透水率总体超标，帷幕端点既没有接稳定地下水位，也没有进入相对不透水岩体，帷幕并未封闭，说明帷幕轴线长度偏小，有必要延长。

坝后 ZK9：该孔位于坝后高程 280m 平台靠溢洪道左岸边墙处，孔深 40m。钻孔芯样及孔内电视录像显示，全孔断层及裂隙不发育，但岩溶较发育（孔深 6.8m 至孔底发育溶蚀 48 处）；压水试验成果显示，全孔岩体透水率为 5.0~13.2Lu 且孔底压水不起压；从 2017 年 9 月至 12 月的孔内水位资料来看，该孔水位与降雨、库水位关系密切；从 ZK3 和 ZK9 的连通试验来看，未证实溢洪道进水口与坝后高程 280m 平台之间存在渗漏通道。地质勘察分析认为，高程 280m 平台渗水与坝体渗水无关，渗水主要来源于右岸绕坝渗漏，以及与溢洪道闸室底板溶洞封堵不完全有关。

3）坝基岩体渗漏通道及原因小结

根据上述分析，可以得出以下结论：

（1）左岸及河床高程 270m 以下趾板部位的坝基岩体未发现渗漏通道，岩体透水率满足防渗标准，可不加固处理。

（2）F_{13} 断层与右岸 P10 趾板相交部位附近存在渗漏通道，该部位存在深部渗漏通道（沿 F_6 断层）且现有帷幕透水率超标，需要对该部位及附近帷幕加深并进行补强灌浆。

（3）溢洪道右侧山体高程 310m 以上（低于现有灌浆平洞底板高程）存在明显渗漏缺口；现有防渗帷幕端点处岩体透水率超标，需要对现有帷幕延长；现有帷幕底线附近及以下存在透水率超标等问题，需要加深帷幕底线。

6.2.2.2　大坝上游面板与趾板渗漏分析

从面板及趾板施工质量、大坝原设计及施工的渗流控制措施、大坝蓄水后变形、1992 年水库渗漏的专家意见、历次安全鉴定结论及本次磁电阻率法检测结果来看，面板及趾板存在集中渗漏的可能性较小。

6.2.2.3　发电放空洞内水外渗分析

根据对发电放空洞现状的调查，洞内钢衬与混凝土衬砌结合部位拉开，且在隧洞前段有局部钢衬段，钢衬拆除后未进行修复。结合在发电放空洞闸门关闭后，坝后渗水量明显减少的现象，基本可以断定坝后出露的渗水有一部分来自发电放空洞，具体渗漏量无法准确测定，也无法计算，粗略估计在 100L/s 左右。

6.2.3　防渗加固设计

6.2.3.1　右岸坝基渗漏处理方案

经研究，对于西北口水库坝基右岸趾板与山体帷幕渗漏问题，决定沿大坝右岸趾板、溢洪道进口段及右岸山体增设防渗帷幕，对渗漏通道进行系统防渗加固。具体方案如下：

(1)对坝基趾板集中渗漏通道进行处理。在坝基右岸斜坡趾板(P7 至 P15 段)增设 2 排防渗帷幕，以对坝基趾板帷幕进行系统修补，既可对 F_{13}、F_6 断层发育部位的集中渗漏通道进行处理，又可通过灌浆阻截趾板基础的溶蚀裂隙等细小渗漏通道。优先处理 P10 段趾板附近区域，如果该通道灌浆处理后，下游渗漏量明显减小，则其他趾板段帷幕可视情况优化减少，以降低趾板钻孔灌浆的施工风险及难度。

(2)扩大右岸防渗帷幕范围和深度，形成完备的防渗体系。新增帷幕沿原帷幕轴线布置并延长 90m(延长段向下游偏转)，右岸帷幕端点进入透水率小于 3Lu 的岩体一定范围，降低右岸绕渗的可能性；沿溢洪道导墙外侧及进口段高程 305m 平台、右岸山体段的帷幕底线整体加深至 3Lu 底线以下并不高于下游河床高程，溢洪道及山体段帷幕底线统一由高程 260m 降低至高程 240m，降低帷幕底线以下渗漏的可能性；对右岸现有灌浆平洞回填混凝土处理，对原高程 316m 以上的帷幕缺口进行灌浆封闭，形成完备的防渗帷幕体系。

(3)对右岸山体浅表层可能的渗漏缺口进行封闭。对溢洪道右岸边坡采取混凝土面板防护，防止库水沿溢洪道侧向渗漏；对溢洪道混凝土结构与基岩接触部位加强浅表层灌浆，防止渗透接触破坏；如果溢洪道底板和导墙存在结构裂缝，需进行修补完善。

上述方案的主要工程措施为防渗帷幕，辅助措施包括新增灌浆平洞开挖与支护、已有洞室回填、地表防渗、固结灌浆等。

6.2.3.2　防渗标准与帷幕结构

1. 防渗标准

根据《混凝土面板堆石坝设计规范》(SL 228—2013)，本工程坝基防渗标准仍采用原设计控制灌后基岩透水率不超过 3Lu。

2. 防渗帷幕线路与底线

沿坝基右岸斜坡趾板（P7 至 P15 段），经溢洪道导墙外侧和高程 305m 平台，再沿原防渗帷幕轴线向山体侧延伸 170m。防渗帷幕轴线前 80m 与原帷幕线路重合，轴线后 90m 向下游偏转 35°。

坝基趾板 P7 至 P15 段、溢洪道导墙段防渗帷幕底线高程统一为 200m，溢洪道段帷幕底线从 200m 逐渐抬升至 240m，过溢洪道右侧边墙后，帷幕底线高程统一为 240m。

3. 帷幕结构

根据同类工程经验，坝基趾板 P7 至 P15 段、溢洪道导墙段的防渗帷幕采用双排帷幕，帷幕排距 1m，灌浆孔间距 2m；其他部位新增防渗帷幕采用单排结构，帷幕灌浆孔间距 2m。帷幕灌浆采用 42.5 级硅酸盐水泥浆液。对于局部地质缺陷及吸浆量大的部位，视情况采取加密、加排灌浆处理，必要时灌注聚氨酯等化学浆液。

6.2.3.3 灌浆平洞设计

1. 新增灌浆平洞

为了便于防渗帷幕灌浆施工，在溢洪道右岸山体增设一条长度为 160m 的灌浆平洞。

灌浆平洞采用城门洞型，开挖断面 3.8m×4.3m。灌浆平洞开挖后采用钢筋混凝土衬砌，衬砌厚度 40cm。灌浆平洞衬砌后净断面为 3m×3.5m。

灌浆平洞衬砌完成后，洞顶按扇形设置两排排水孔，孔径 91mm，间距 3m。地质缺陷部位设 MY80 孔内保护。

2. 已有灌浆平洞回填

已有灌浆平洞是利用原施工支洞改造的，洞周采用喷射混凝土防护，难以满足防渗要求。为确保右岸山体防渗帷幕的整体防渗效果，对已有灌浆平洞清理干净后采用 C15 混凝土回填。

已有灌浆平洞回填后，重新设灌浆平洞进行帷幕灌浆（兼顾对已有灌浆平洞回填体与基岩之间的空腔进行回填灌浆），有利于保证帷幕灌浆施工质量，确保右岸帷幕防渗效果。

6.2.3.4　右岸地表封闭设计

溢洪道右岸原灌浆平洞封堵后，对洞脸高程 330.5m 以下、洞脸一定范围内的岩体，须采取地表封闭处理措施，以免库水侧向渗漏；原溢洪道右侧边墙局部存在裂缝（已长出杂草），也需进行封闭处理。需要处理的具体部位如图 6-16 所示，具体措施如下：

图 6-16　原灌浆平洞洞脸边坡封闭范围示意图

（1）洞脸坡面封闭：原灌浆平洞封堵回填后，对原溢洪道进口右岸混凝土护坡边界上游 10m（帷幕轴线两侧各 5m）、高程 330.5m 以下范围的坡面采用钢筋混凝土面板封闭，面板厚度 50cm，现浇 C25 二级配混凝土，配置双层 ϕ20mm@ 20cm×20cm 钢筋，钢筋保护层厚度 5cm。混凝土面板浇筑前，先清除原坡面杂物并整平，面板与基岩之间通过长度 3m 和 6m 的 ϕ25mm 锚杆连接。面板与已有护坡面板之间设紫铜止水，缝面填充沥青。

（2）溢洪道进口右岸已有混凝土护坡的局部裂缝处理：清除杂草，裂缝开槽并做涂刷环氧砂浆处理。

6.2.3.5　地质缺陷处理

灌浆平洞开挖施工过程中揭露岩溶地质缺陷时，应根据地质缺陷规模及涌水情况采取开挖清理、混凝土回填等处理措施。如果岩体完整性差，需要视情况采取钢拱架+小导管预注浆+超前锚杆支护等措施，确保成洞。

帷幕实施过程中，对于一般的岩溶空腔，可先灌注水泥砂浆，再灌注水泥浆液处理；对于断层、溶洞、裂隙等部位的黄泥充填物，可加密高压灌浆或做置换处理。

对于明显的渗漏通道，可采用水泥浆液和化学浆液复合灌浆处理，化学浆液可采用聚氨酯材料。对于下游渗漏点明确的部位，条件许可时也可从出口进行灌浆处理。地质缺陷部位的防渗帷幕视情况增加帷幕排数、加密灌浆孔距。

帷幕灌浆优先施工重点可能的渗漏部位，如果重点区域灌浆后下游渗漏量明显减少，则其他部位的帷幕可相应优化减少。

6.2.4 小结

通过渗漏通道经风险分析研究，西北口水库坝基右岸岩溶地质条件是导致帷幕渗漏的关键，也是坝基渗漏的主要风险源。补强帷幕和延长防渗帷幕布置，是解决坝基岩溶渗漏的有效方式。

6.3 构皮滩拱坝岩溶处理经验

6.3.1 工程概况

构皮滩水电站位于贵州省余庆县境内，是乌江流域中规模最大的水电工程（图6-17）。工程开发任务以发电为主，并具有航运、防洪等综合效益。枢纽校核入库洪水洪峰流量为 35600m^3/s，正常蓄水位 630m，总库容 $6.451\times10^9m^3$，具有年调节性能，电站装机容量 3000MW，多年平均年发电量 $96.67\times10^9kW\cdot h$。枢纽由大坝、泄洪消能建筑物、电站厂房、通航建筑物等组成[95]。

图 6-17　构皮滩水电站坝址区全貌图

拦河大坝为混凝土双曲拱坝，最大坝高 230.5m，厚高比 0.216；泄洪消能建筑物由坝身 6 个表孔、7 个中孔、坝后封闭抽排水垫塘及左岸 1 条泄洪洞组成；地下厂房布置于右岸；左岸布置 3 级垂直升船机。工程于 2001 年开始筹建，2003 年 11 月正式开工，2005 年 10 月大坝混凝土开始浇筑，2009 年 7 月电站首台机组发电，同年底大坝混凝土全线浇筑至坝顶，最后一台机组投产。

构皮滩水电站建坝岩体为二叠系茅口组和栖霞组灰岩，岩溶强烈发育，地质缺陷明显，消能区下游为黏土岩和砂页岩等软岩，坝址区地震基本烈度为Ⅵ度。

构皮滩坝址岩层走向 NE30°~35°，倾向 NW（上游），倾角 45°~55°。防渗线路上出露的地层主要有：二叠系下统茅口组与栖霞组灰岩及志留系中统韩家店组黏土岩。坝基隔水岩体埋藏较深，两岸高于设计正常蓄水位的地下水远离河床。

防渗线路上将遇到不同规模和不同方位的断层、层间错动带及裂隙，其中以 NW—NWW 向 285°—315°顺河向延伸的陡倾角（60°以上）正-平移断层最发育。在地表出露的大断层有 F_{37}、F_{35}、F_{100}、F_{155} 等，层间错动带有 F_{b82}、F_{b112}、F_{b113} 等，沿断层及层间错动带均有不同程度的溶蚀。

岩体透水性受断裂和岩体溶蚀程度及水动力条件控制，在空间上表现为极不均一性和各向异性；岩溶一般沿层面和一定层位及断裂构造发育，两岸比河床发育，右岸比左岸发育，浅部比深部发育。受乌江间歇性下切影响，构皮滩工程地区的岩溶表现为以水平溶洞为主的强烈岩溶带和以垂直型岩溶管道为代表的弱岩溶带相间分布的特点，经地下水改造成的水平溶洞分布高程与坝址区的河漫滩、阶地基本一致。

茅口组下段（P_1m^1）及上段（P_1m^2）岩体分别为强岩溶层和中—强岩溶层，在坝址区发育 5#、6#、7#、8#等较大规模的岩溶系统：5#、6#岩溶系统发育于茅口组下段，是以水平溶洞为主的较大规模岩溶系统；7#、8#岩溶系统发育于茅口组上段，7#岩溶系统规模较小，8#岩溶系统以垂直岩溶形态为主，局部沿断层发育较大规模的溶洞。栖霞组第一至三层岩体（P_1q^{1-3}）以弱—微弱透水为主，局部沿断裂发育少量小型岩溶孔洞或缝隙，具中等—强透水。栖霞组第四层（P_1q^4）岩体以微弱透水为主，部分弱透水，仅局部具中等—强透水，具有一定的相对隔水性能，坝址区在该层岩体发育规模较小的 W24 岩溶系统，该岩溶系统的岩溶洞隙和小型水平管道均在高程 460m 以上。志留系韩家店组（S_2h）泥岩及粉砂质黏土岩，具有良好的隔水性能，其下伏石牛栏组（S_1sh）和龙马溪组（S_1l）也有良好的隔水性能。

为截断岩溶发育的顺河向大断层、层间剪切带及裂隙发育的岩溶渗漏通道，有效控制渗漏量，保证水库正常蓄水，应降低坝基扬压力及拱座地下水位，提高坝基及拱座稳定安全度，确保工程安全运行；降低基岩渗透水力坡降，将断（夹）层的渗透比降控制在允许范围内，确保不致产生渗透破坏，坝基及两岸均需布置渗控处理措施，而对顺河向断裂构造及沿其交汇带发育的岩溶洞穴及渗漏通道的封堵是渗控处理的关键。

6.3.2　防渗设计

1. 防渗帷幕线路

坝址区相对隔水层的岩体有：$P_2W^{2\text{-}2}$、P_1q^4、S_2h。$P_2W^{2\text{-}2}$层主要为不纯的灰岩夹泥岩，岩溶不发育，具一定相对隔水性能，但钻孔显示其透水性大，难以保证防渗效果。P_1q^4岩体有一定的隔水性能，但局部仍具中等—强透水性，左岸防渗线路上 P_1q^4 岩体钻孔显示其局部仍具中等—强透水性，不宜作为防渗依托层，右岸 P_1q^4 岩体埋深大，经分析，其透水性总体较小；志留系 S_2h 泥岩及粉砂质黏土岩，具有良好的隔水性能，其下伏 S_1sh 和 S_1l 也有良好的隔水性能，且不受断裂构造的影响，三者构成可靠的防渗依托。枢纽防渗采用以韩家店组隔水岩体作为防渗线路的终端依托。

2. 防渗标准和防渗帷幕底线

据现行有关设计规范，帷幕防渗标准为：大坝坝基及地下厂房防渗帷幕透水率小于 1Lu，其余部位防渗帷幕透水率小于 3Lu。

防渗帷幕底线原则确定如下：

（1）坝基帷幕一般深入基岩的透水率小于 1.0Lu 界线以下 5~10m，左岸、右岸山体一般部位深入透水率小于 3.0Lu 界线以下 5m。

（2）遇到溶洞的部位，帷幕底线深入岩溶发育下限 10m。

（3）规模较大的顺河向断层及其影响带，局部加深 20~30m。

3. 灌浆孔的布置

根据规范要求，防渗帷幕灌浆孔的排数及孔排距、孔向一般根据大坝的稳定要求、工程地质条件及类似工程经验成果确定。我国在乌江渡水电站首次采用"孔口封闭高压灌浆法"，成功修建岩溶地区防渗帷幕；在随后的隔河岩、东风、高坝洲等水电站进一步摸索了此方法的有关技术参数，论证了高压灌浆的成幕机理及帷幕灌浆孔分排防渗效果。根据隔河岩、东风、高坝洲等工程的岩溶坝基防渗帷幕设计、施工经验，在岩溶发育部位，按孔距 2.0~3.0m 布置，第一排孔的灌浆量较大，除个别地段外，第二排孔的灌浆单耗、压水试验透水率一般较小，两排孔灌浆结束后，基本能满足设计要求。经对构皮滩坝址工程地质和水文地质条件的综合分析，拟定灌浆孔布置。具体布置如下：

(1)在大坝坝基、两岸近河地段及地下厂房方案的地下厂房上游侧，布置两排灌浆孔，孔距 2.0m，其中一排灌浆孔深入设计底线，另一排灌浆孔孔深为帷幕深度的 $1/2 \sim 2/3$。

(2)在两岸远岸段，布置一排灌浆孔，孔距 2.0m。

(3)地质缺陷部位(如较大断裂、溶蚀带、岩溶通道等部位)的灌浆孔根据需要可适当加密、加排或加深。

(4)上、下层灌浆平洞之间的帷幕采用衔接帷幕连接，衔接帷幕与相应部位主帷幕排数相同，孔距 2.0m。

4. 灌浆平洞

两岸防渗帷幕较深，最深达 250m，帷幕必须分层搭接，为此在两岸布置了多层灌浆平洞。每层平洞高差 55~70m。

两岸灌浆平洞中仅底层灌浆平洞与大坝基础廊道相连，其他各层平洞均高于下游水位，可与施工支洞相结合设置永久进出口，或另设交通支洞。为改善灌浆平洞的通风条件，保证空气流通，确保施工安全及后期的运行维护，在左、右岸各布置一通风竖井，连接各层灌浆平洞。

5. 防渗灌浆试验

构皮滩坝址处于岩溶发育区，工程地质和水文地质条件复杂，防渗线路长，工程量及处理难度大。按有关规程要求，进行了现场灌浆试验，以论证坝址区岩溶洞穴灌浆处理的效果，探求合理的施工程序及先进的施工工艺，论证防渗灌浆的技术参数，如灌浆孔的孔距、排距、排数，选定合适的灌浆压力，作为编制防渗帷幕灌浆设计和施工技术要求文件的依据。

6.3.3　帷幕线上的岩溶处理

构皮滩水电站防渗帷幕线上的岩溶系统复杂，溶洞数量多、规模大、特征各异，直接影响防渗工程的成立与整个枢纽工程的成败。结合溶洞特点及地质条件，采用动态设计、多种手段并举的岩溶综合处理技术，成功阻截了防渗帷幕线上的岩溶通道，其经验可供强岩溶地区建坝借鉴。

坝址区主要出露 P_1q、P_1m、P_1w 碳酸盐岩，岩层走向 NE30° ~ 35°(与水流方向近于正交），倾 NW，倾角 45°~55°。坝址区构造形式为断层、层间错动带和裂隙，构造发育主方向为 NWW 和 NW 向，与岩层走向一致。共查明断层 77 条，断层宽度 10~30cm，长度小于 100m 为主；规模较大的层间错动带共 18 条；裂隙多分布在卸荷带及断层附近，长度以小于 2m 为主。地下水在断层、层间错动和裂隙等构造部位频繁交替活动，导致坝址区岩溶强烈发育。

6.3.3.1 岩溶总体特征

构皮滩水电站坝址区发育 5 个主要岩溶系统，即左岸 5#、7# 岩溶系统，右岸 6#、8#、W24 岩溶系统(图 6-18)。其中，W24 为枢纽区最大的岩溶系统，贯穿整个右岸厂房。岩溶总体特征为：

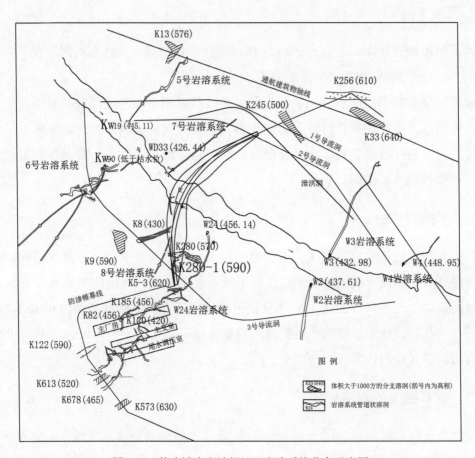

图 6-18　构皮滩水电站坝址区岩溶系统分布示意图

（1)分布范围广，规模大。岩溶系统沿一定的层位和断裂呈带状分布，枢纽范围内共揭露溶洞 61 个，溶洞体积大于 1000m³ 的有 10 个。

（2）溶洞类型多样。从形态上看，包括厅状、水平管道、竖井（或斜井）3 类；从充填程度来看，包括无充填、半充填、全充填 3 类；从地下水丰富程度来看，包括无水、渗水、暗河 3 类。

（3）岩溶系统相互独立。各岩溶系统被非岩溶或弱岩溶岩组阻隔，地下水基本依照各自独立的岩溶管道和裂隙网络运移。

6.3.3.2　帷幕线上的典型岩溶

除了 5# 岩溶系统，其他各岩溶系统均与构皮滩水电站防渗帷幕线相交。防渗帷幕线上的典型岩溶包括 K245 、K256、K280、K613、K678 和 W24 低高程主管道等溶洞（见图 6-19），具体特征分别如下：

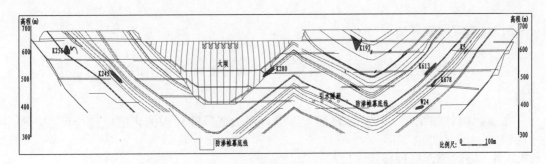

图 6-19　构皮滩水电站防渗帷幕线上的典型岩溶示意图

（1）左岸 K245 溶洞：属于 7# 岩溶系统，沿 F_{b81}、F_{b54} 断层发育，斜井状。在左岸高程 500m 灌浆平洞桩号 K0+239m～K0+250m 段出露，帷幕轴线部位发育高程 480～500m。溶洞下游在高程 660m 左右出露于地表，上游与库水连通性不清楚。溶洞完全充填致密的黄泥、块石和少量粉细砂，体积超过 $4×10^4 m^3$。

（2）左岸 K256 溶洞：属于 7# 岩溶系统，沿 F_{b54} 断层上盘发育，斜井状。在左岸高程 640m 灌浆平洞桩号 K0+274m～K0+294m 段出露，帷幕轴线部位发育高程 585～630m，溶洞最大直径 50m，充填致密黏土、中粗砂—细砂等，体积超过 $3×10^4 m^3$。

（3）右岸 K280 溶洞：属于右岸 8# 岩溶系统，发育于 F_{b112}—$P_1 m^{1-2}$ 底部的风化溶滤带，顺陡倾角断层呈缝状发育，延伸范围受层间错动控制，溶缝宽度 3～13m。由 YD5、YD7、YD9、YD11 置换洞以及 D56、D46、D48 平洞揭露的溶洞组成，在右岸坝基高程 510～590m 出露。充填黏土、粉细砂及碎块石等。

（4）右岸 K613 溶洞：属于 8# 岩溶系统，沿 $P_1 m^{1-1}$ 底部 F_{b82} 层间错动发育，与裂隙性断层交汇部位发育规模较大。在右岸高程 520m 灌浆平洞桩号 K0+613m～K0+623m

段出露，灌浆平洞从溶洞中间穿过，灌浆平洞顶板以上溶洞高度达 40m，平洞底板以下发育深度 8m。溶洞充填黏土，体积约 $1\times10^4m^3$。

（5）右岸 K678 溶洞：为 W24 岩溶系统早期主管道，受 F_{b54} 控制，呈缝状，缝宽 0.5～4m。该溶洞在右岸高程 465m 灌浆平洞桩号 K0+671m～K0+680m 段出露。灌浆平洞顶拱的岩溶发育高度大于 10m，溶洞切割平洞上游侧墙，可能与库水或 W24 岩溶主管道连通，溶洞下游可能与调压室揭露的溶洞相通。充填物为黏土夹碎石。

（6）W24 低高程主管道：在 W24 追挖支洞桩号 K0+034m～K0+103m 段、高程 387～395m 遭遇 W24 低高程主管道。该溶洞发育于 P_1q^3、P_1q^2 层，呈宽缝状、斜巷道状，局部厅状，形态复杂，规模较大，已经揭露的溶洞体积约 $1\times10^4m^3$，砂砾石、块石及黏土等充填或半充填；岩溶水丰富，枯水期流量 0～0.5L/s，汛期流量 80～120L/s，具有短时突变的特点。

6.3.3.3 岩溶风险评估

根据第 2 章的岩溶风险评估方法，对构皮滩防渗帷幕线上的主要岩溶进行风险评价。

根据风险评估结果，防渗帷幕线上部分规模大或风险较大的岩溶应进行重点处理。

6.3.3.4 岩溶综合处理技术

岩溶防渗一般采用灌浆或清挖后换填混凝土的处理手段。但构皮滩工程岩溶数量多、规模大、特征各异，实施过程中结合溶洞特点、地质条件及工程要求动态设计，采用了高压灌浆、截渗墙、高压旋喷、混凝土换填封堵、地下水引排和避让等多种岩溶处理技术，以阻截防渗帷幕线上的岩溶通道。

1. 灌浆技术

构皮滩溶洞处理采用了多种灌浆方式，如高压水泥灌浆、磨细水泥灌浆、化学灌浆、膏状浆液灌浆等。对于有条件部位的溶洞充填物，尽量冲洗置换后再灌浆，如：右岸高程 465m 灌浆平洞 K678 溶洞充填细砂夹泥，在垂直灌浆平洞侧墙水平发育，宽度 0.5～4m，即先对岩溶充填物风水联合冲洗后高压水泥灌浆；对左岸高程 500m 灌浆平洞 K245 溶洞采用了膏状浆液与水泥灌浆结合的处理方法；对坝基 KM1 溶蚀破碎带采用了磨细水泥和化学灌浆结合的处理方法，化学浆材包括丙烯酸盐和环氧等。

溶洞灌浆质量控制标准一般为：常规压水检查透水率满足防渗标准；在 1.5～2 倍水头下持续压水 72h 而透水率不变；钻孔取芯，岩芯获得率大于 80%；抗压强度大于设计水头；允许渗透比降 $J \geqslant 15$。

2. 防渗墙技术

对不具备清挖条件的砂卵石充填溶洞，采用防渗墙处理。如：左岸高程 640m 灌浆平洞 K256 溶洞主要充填粉细砂，可能通过裂隙通道与库水发生水力联系。

塑性混凝土防渗墙质量控制标准为：渗透系数 $k \leqslant 1 \times 10^{-5}$ cm/s，允许渗透比降 $J \geqslant 15$，28d 抗压和抗折强度 $\geqslant 1$MPa，弹性模量在 400~1000MPa 范围之间。

3. 高压喷射技术

对于充填砂、卵石、砾石或黏土的溶洞，除了采用防渗墙，还可利用高压旋喷使水、气、浆液扰动地层，水泥浆和充填物充分融合形成具有抗压、抗渗能力的复合体。该方法已经广泛应用于堤防工程、基坑支护、地下洞室防渗、建筑地基处理等领域。

构皮滩水库蓄水至 550m 后，发现大坝 23#、24# 坝段坝基高程在 530~535m 之间存在最大宽度约 3m、穿越帷幕的 K280 充砂管道，直接威胁大坝基础廊道安全运行。为此，设计决定从上部大坝基础廊道（高程 570m）对帷幕线附近范围的充砂管道采用高压旋喷进行处理，高压旋喷采用双重管工艺，喷射压力 15~35MPa。采用高压旋喷处理的还有右岸高程 520m 灌浆平洞 K2 溶洞等部位。

4. 避让技术

对于未挖除的黄泥充填溶洞，灌浆后抗压强度及耐久性基本满足设计标准，但为确保工程永久安全，进一步采取了避让措施：在灌浆平洞下游侧另设支洞对帷幕线附近一定范围的黄泥充填溶洞进行水泥灌浆；将灌浆平洞内溶洞出露洞段封堵起来，规避溶洞充填物涌入大坝廊道的风险。如：对左岸高程 500m 灌浆平洞 K245 溶洞和右岸高程 520m 灌浆平洞 K613 溶洞均采用了灌浆与避让结合的处理方法。

5. 挖堵灌排综合技术

当单一的溶洞处理技术不能奏效时，需要综合运用多种岩溶处理手段。以 W24 岩溶为例：低高程追挖支洞在高程 387m 左右揭露 W24 岩溶系统的主来水管道，该管道垂直右岸高程 465m 灌浆平洞帷幕轴线发育，帷幕下游约 100m 即为厂房低层排水廊道。由于该溶洞来水与库水连通性尚不明确，为确保安全，采用"挖+堵+灌+排"相结合的处理方案：

W24 岩溶低高程主管道为前后小、中间大的囊状结构，将溶洞出口和入口充填物挖除后采用混凝土封堵，中间囊状大厅先灌混凝土再灌浆；帷幕上游 25m 部位设置竖井并通过两根 ϕ500mm 钢管将岩溶水穿越帷幕引排至高程 520m 灌浆平洞，自流排至水垫塘。

6. 效果评价

构皮滩防渗帷幕线上的溶洞处理后，常规压水、渗透比降、抗压强度、耐久性、弹性模量、孔内电视录像、声波及电磁波、结石芯样完整性等指标均满足设计要求。水库蓄水初期，仅发现个别部位幕后渗漏量及渗压值略大于设计正常值。2014 年，构皮滩水库水位最高达到 629.8m（接近正常蓄水位 630m），大部分岩溶管道处于库水位以下且经历了高水头考验。由此可以认为：构皮滩防渗帷幕线上的岩溶处理是成功的。

6.3.4 小结

（1）构皮滩防渗帷幕穿越岩溶发育地层，比较帷幕线路布置及防渗端点对于保证工程安全、控制工程量具有关键意义。因此，地质条件分析是防渗帷幕设计的重要基础。

（2）对于防渗帷幕线上的岩溶，根据施工资料、监测数据及物探成果对帷幕线上的地质情况综合研判，逐一分析不同岩溶的特点及其与水工建筑物的相互关系、岩溶空间分布特征、岩溶充填物类型等因素，采用风险评价方法判断岩溶对工程安全的影响风险，是做好岩溶处理的前提。

（3）采用多种处理方案对帷幕线上的岩溶综合处理十分必要，处理方案应在施工过程中根据实际条件动态调整。高风险岩溶应重点处理，低风险岩溶可视情况决定是否进行专门处理。

6.4 彭水碾压混凝土重力坝岩溶处理经验

6.4.1 工程概况

彭水水电站坝址位于重庆市彭水县城乌江上游 11km 处的石灰岩峡谷河段，大坝为混凝土弧形重力坝（图 6-20），最大坝高为 116.5m，坝址区呈"V"形河谷，乌江流向 310°，岩层倾向上游偏右岸，与乌江流向夹角 70°~75°，为横向谷。坝址基岩主要为碳酸盐岩夹少量页岩，岩溶系统发育的溶洞规模大、高程低，对工程的影响较大，是大坝坝基处理的重要部分[96]。

图 6-20 彭水水电站全貌图

坝址区出露奥陶系和寒武系中上统地层，地层总厚度 1414m，主要有奥陶系下统大湾组(O_1d)厚层页岩夹少量灰岩，红花园组(O_1h)灰岩，分乡组(O_1f)灰岩夹页岩及燧石层，南津关组(O_1n)灰岩灰质白云岩夹页岩；寒武系上统毛田组($\in_3m$)灰岩、白云岩，耿家店组($\in_3g$)白云岩。坝址区地层走向 20°~25°，倾向 110°~115°，倾角 60°~70°。坝址区断层、裂隙比较发育，断层主要发育走向 NNE、NW、NWW 的三组断裂，断层倾角一般 70°以上，少数 56°~65°。NNE 组主要为 F_1 断层破碎带横穿左右岸；NW 组(顺河向)右岸主要有 F_8、F_{110}，左岸有 F_7、F_5 等破碎带；NWW 组主要有左岸 F_{36} 等断层。这些断裂的构造岩一般胶结较好，但在强岩溶层中多被溶蚀。坝址区耿家店组至大湾组地层中，揭露性状较差的软弱夹层有 59 条。根据成因条件、物质成分和性状，将软弱夹层分为 3 个基本类型，即泥化夹层(Ⅰ)、破碎夹层(Ⅱ)、风化溶蚀填泥软弱层带(Ⅲ)。其中在大坝坝基及厂房区分布并对建筑物有影响的是 O_1n^5 层中的Ⅲ类夹层：C0、C2、C4、C5，它们一般被风化溶蚀呈溶洞；Ⅱ类夹层有 O_1n^4 层中的401、404，$\in_3m$ 层中的 093、082、085 等。根据坝址区出露的岩性及其组合、地表岩溶状况、各层钻孔遇溶洞及压水试验、勘探平洞揭示岩溶发育特点等，将坝址地层分为若干个岩溶层组及非岩溶层组。由于岩层走向与乌江流向夹角大、岩层陡倾上游，使岩溶层与隔水层、相对隔水层相间分布。坝址两岸对称发育 11 个岩溶系统。左岸岩溶系统有：W9、KW17、W202、KW65、温泉 W10、KW66(双鼻孔 $\in_2p$)。右岸岩溶系统有：KW14 及 WH11、KW51、W84、KW54、KW40(大龙洞 $\in_2p$)。对大坝坝基工程有较大影响的是右岸 KW51、W84 岩溶系统。

6.4.2 岩溶地质缺陷处理

6.4.2.1 左岸 F_7、F_9 断层部位

左岸坝基高程 250m 以下发育 F_9、F_7 等较大规模断层，风化溶蚀至高程 120m 左右。左岸高程 241m 灌浆平洞内 K0+00m~K0+60m 洞段第 1 排部分灌浆孔段掉钻、吸浆量很大。

为在该地质缺陷部位形成可靠的防渗帷幕，在左岸高程 241m 灌浆平洞 K0+00m~K0+60m 洞段增加一排帷幕灌浆孔。增加的帷幕灌浆孔轴线位于原设计第 1 排、第 2 排帷幕灌浆孔的中间，距原第 1 排、第 2 排帷幕灌浆孔轴线均为 40cm，孔距 3.0m，灌浆孔孔底高程均为 110m。

6.4.2.2 右岸软弱层带及 KW51 岩溶系统

右岸 O_1n^{4+5} 地层中集中发育 C2、C4、C5 风化溶蚀填泥软弱层带，并由此形成右岸规模巨大的 KW51 集中渗漏通道，为工程重点防渗部位。右岸岸坡及帷幕灌浆平洞内出露的岩溶绝大部分沿上述夹层发育。为确保坝基渗透稳定和防渗主帷幕安全可靠，在坝基及山体灌浆平洞开挖时，要求对右岸岸坡及山体内发育的 KW51 岩溶系统进行清挖和混凝土置换处理。具体措施如下：

（1）贯穿防渗帷幕线的溶洞，追踪清挖回填混凝土范围(长度)一般在帷幕线上游水平投影距离不小于 15m，下游不小于 10m，垂直深度原则上与右岸防渗帷幕深度一致。

（2）为方便灌浆平洞内岩溶系统的清挖，在三层平洞之间布置了 2 个清挖防渗斜井。其中，1#防渗斜井的顶部沿 C5 夹层布置，重点追踪 C4 和 C5 夹层及其顺层发育的岩溶；2#防渗斜井的顶部沿 504 夹层布置，重点追踪 C2 和 504 夹层及其顺层发育的岩溶。1#、2#防渗斜井分别连通右岸三层主帷幕灌浆平洞，分层进行自上而下开挖、追踪，再自下而上回填混凝土。防渗斜井开挖断面一般 3m×4m，垂直夹层走向方向宽 3m，沿夹层走向方向长 4m。防渗斜井开挖原则上以人工掏挖为主，辅以必要的控制爆破。

（3）岩溶系统内所有黏土、碎石、砂子及其他松散物、杂物应全部清理或挖除。为清理与追踪岩溶洞穴，可对溶洞进行适当扩挖或整修，但其扩挖或整修后溶洞内的松软物及岩块应全部清理。溶洞追踪清理回填深度及范围要求为：

①对直径或宽度小于 1m 的岩溶洞穴或溶缝，清挖深度不小于溶洞直径或溶缝宽度的 3 倍，且不小于 2m；

②对洞径或溶缝宽度大于 1m 的岩溶洞穴或溶缝，以及贯穿上下游的溶缝、溶槽应追踪开挖，其追踪处理范围原则上按向上游不小于 10m、下游不小于 5m 控制。

（4）岩溶追踪、清理、清挖或掏挖结束后，应冲洗干净，并进行地质素描，绘制岩溶形态图，测量清挖后的溶洞体积，经验收合格后进行混凝土回填。

防渗斜井混凝土分层回填，每层回填高度不大于 3m，对回填混凝土应振捣密实，确保混凝土回填质量。回填混凝土采用 C15，但在建基面附近 5m 范围回填 C20；溶洞顶部回填混凝土后，还应进行回填灌浆。

（5）右岸高程 238m 及高程 193m 灌浆平洞内 KW51 深岩溶发育地带相应增加一排帷幕灌浆孔，并制定如下专门工艺措施：

①采用间歇灌浆，并适当加大单次灌浆量，灌浆注入率限制为 20~30L/min，每灌注 10t 水泥间歇 30min，灌注 100t 水泥后待凝 12h。

②若无返浆，可在水泥浆中掺加适量细砂与水玻璃，以控制浆液扩散范围，水泥（砂）浆的配比及外加剂通过试验确定。

6.4.3　防渗帷幕灌浆研究

彭水水电站位于高山峡谷区，交通与施工条件差，防渗帷幕灌浆工程量大，洞内施工条件更艰苦，施工进度必然缓慢。同时，防渗帷幕沿线地质条件差，右岸防渗线路上长 200m 的 O_1n^{4+5} 强岩溶层中发育风化溶蚀填泥软弱集中层带、充填情况不明的岩溶洞穴、KW51 大规模深岩溶系统等地质缺陷，形成了贯通库内外的集中渗漏通道，其防渗灌浆不仅技术难度大，占用工期长，而且还存在成幕质量的保证问题。因此，如不采取有效措施，防渗帷幕灌浆工程势必影响彭水水电站发电工期。综上所述，彭水水电站防渗帷幕灌浆的特点和难点主要表现如下：

（1）帷幕灌浆工程量大，施工条件艰苦，加之地质条件十分复杂，施工进度慢，如不采取有效措施，将成为影响彭水水电站发电工期的卡关项目。

（2）遇溶蚀泥化夹层和岩溶洞穴、大规模深岩溶系统时，防渗帷幕成幕难度大，防渗幕体的防渗效果、耐久性等能否满足水库长期运行的要求，是一个需进一步探索的技术难题。

（3）岩溶发育高程低，导致防渗帷幕底线低，单孔钻灌深度过深，深孔成幕施工难度大，如何采用合适的工艺流程保证深孔钻灌施工顺利实施并确保施工质量是另一急需解决的技术难题。

帷幕线路研究：主防渗帷幕布置在大坝坝基前缘并延伸至两岸山体内防渗端点。坝基帷幕布置于坝踵基础灌浆廊道上游侧；左岸帷幕出在坝肩后，向上游山体转折，终端接至 O_1n^{1+2+3} 相对隔水岩层；右岸帷幕出右坝肩后，折向上游穿过右岸地下厂房 5 条引水隧洞上平段，以垂直岩层走向接至 O_1d^{1-3} 隔水层封闭。防渗线路总长 850m。坝基及两岸山体防渗帷幕穿越的地层主要为 O_1n^{1-5} 灰岩、白云岩、灰质串珠体页岩和白云质页岩等层状岩体，O_1n^{4+5} 岩层岩溶强烈发育。

帷幕深度研究：河床部位防渗底线高程为 100m，帷幕深度 93m。左岸近河床部位遇 F_7、F_9 断层交汇带，岩体较破碎，透水性增强，防渗底线局部由高程 100m 加深至 80m，帷幕深度为 221.5m；过断层带后，左岸山体防渗底线由高程 80m 抬升至 120m，帷幕深度为 182m。右岸山体防渗帷幕穿越Ⅲ类夹层带及 KW51 大规模岩溶系统部位，岩溶发育深度已探明至高程 40m 以下，为重点防渗部位，防渗底线由高程 80m 降至 35m；过该岩溶系统以后，防渗底线逐渐抬升至高程 180m 并延伸至终端，帷幕深度为 122~267m。

地下电站主厂房外围小帷幕布置在主厂房外围沿江侧和山内侧来水量较大的地段，防渗帷幕穿越地层主要为 O_1n^{1-5}、$\in_3m^{1+2}$，其中 O_1n^{4+5}、$\in_3m^{1+2}$ 岩层岩溶强烈发育。防渗帷幕顶高程为 270m，沿江侧防渗帷幕底线最低至 80m 高程，帷幕总深最大为 190m，防渗帷幕灌浆总进尺 $4.3×10^4m$。

6.4.3.1　溶蚀夹层灌浆过程实例分析及灌浆技术研究

溶蚀夹层段的灌浆压力与注入率过程曲线，大致可以分为 6 个阶段，如图 6-21 所示。

阶段①：灌浆压力较低，一般不超过 1.5MPa，注入率明显随压力变化，尤其当压力超过 1.5MPa 时，注入率迅速增大，此时采取限压措施，并逐级变浆，使注入率稳定在 20L/min 左右，注入的浆液持续充填到溶蚀夹层空穴中。

阶段②：经过较长时间低压限流灌注，注入率迅速降低，直至不吸浆，压力快速上升至设计灌浆压力 4.0MPa。

阶段③：在短暂高压作用下，溶蚀夹层重新被击穿，注入率加大，灌浆压力降低，其控制过程与第①阶段相同，仍采取低压、限流、浓浆等措施进行灌注。

阶段④：通过复灌，渗漏通道逐渐封闭，注入率减小至 0，压力迅速上升至设计灌浆压力 4.0MPa，并持续较长时间，接近 1h。

阶段⑤：在持续高压作用下，溶蚀通道再次被击穿，注入率加大，灌浆压力降低，

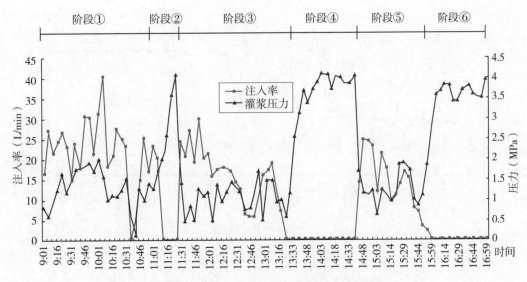

图 6-21　溶蚀泥化夹层典型孔段灌浆过程曲线

第三次采取低压、限流、浓浆等措施进行灌注。

　　阶段⑥：经过反复灌浆后，溶蚀通道被完全堵塞，注入率降至 0，灌浆压力上升至设计值 4.0MPa，延续灌注 1h，按正常结束标准结束。

　　从上述灌浆过程分阶段分析可以看出，溶蚀夹层灌浆是一个复杂的过程，该段 3 次复灌，呈现"低压充填→高压密实→击穿渗漏→低压充填→高压密实"的循环，灌浆历时近 8h。灌后溶蚀夹层地段常规压水检查和耐久性压水检查结果证明幕体的防渗性能（透水率<1Lu）和耐久性能（持续压水 72h 无渗漏）均满足设计要求。

　　因此，本工程溶蚀夹层灌注施工采取如下控制技术：低压、限流、浓浆、控制注入率，多次不间歇循环复灌，合理变换灌浆压力，灌浆设计压力采用 4~5MPa，可取得良好的灌浆效果。

6.4.3.2　溶洞灌浆过程实例分析及灌浆技术研究

　　小型空洞孔段灌浆压力与注入率过程曲线如图 6-22 所示。灌浆过程中注入率始终维持在 30L/min 左右，灌浆压力不超过 2MPa，通过采取降压、变浓浆（本次试验也采用了灌砂浆）、间歇等措施，渗漏通道阻塞，注入率逐渐降至 0，压力提升至设计灌浆压力 4.0MPa，高压密实，并达到设计灌浆结束标准。灌后小溶洞地段常规压水检查和耐久性压水检查结果均合格。

　　根据试验结果，并参照其他工程岩溶灌浆的经验，提出了本工程溶洞灌浆封堵的技术措施：

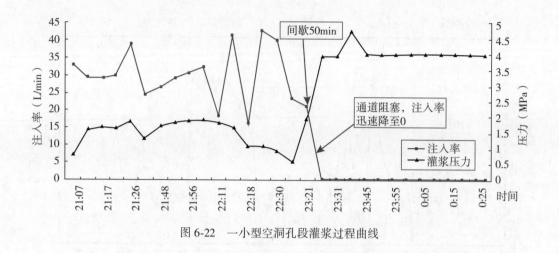

图 6-22　一小型空洞孔段灌浆过程曲线

（1）查明溶洞内充填物类型（本试验采用孔内摄像手段）、充填规模，选择相应的处理措施。

（2）对于大空洞岩溶，可扩大灌浆孔孔径，泵入高流态混凝土（混凝土骨料最大粒径小于20mm）或水泥砂浆、水泥粉煤灰浆（此时可向孔内投入粒径小于40mm的干净碎石），灌浆后待凝3~7d，然后重新扫孔，再灌注水泥砂浆或水泥浆。

（3）对于空洞较小的岩溶，可灌注水泥砂浆或其他混合浆液，待凝3d后，扫孔再灌注水泥浆。溶洞灌浆待凝后若仍不起压，需要反复灌注。有些工程中大型溶洞，采取每灌注3~5t水泥（混凝土）待凝一次的措施，经多次（有时多达十几次）灌注，方能起压，再灌注水泥浆至正常结束。

（4）对于全部充填或大部分充填的溶洞，采用5MPa高压灌浆。若开始灌浆不起压或达不到规定压力时，应采取低压、浓浆、限流等措施循环复灌，灌浆过程不间歇，待注入率减小到一定程度后，再逐渐升压，直至达到结束标准，其灌注技术措施与溶蚀夹层灌浆相似。

为研究超深幕体（单层钻灌深度超过150m）的连续性，进行了150m深孔钻孔试验。钻孔过程显示：孔深超过50m后，钻孔进尺效率较低，每回次取芯起钻的时间较长，深孔平均日进尺为10m。终孔后，孔底偏差2.3m，全孔偏斜率为1.5%，偏斜率在允许范围内，孔底偏差绝对值超过帷幕设计孔距的1/2，在最不利情况下，单排孔孔底可能相交，影响孔底附近幕体的连续性。而在设计排数不少于2排、钻孔为垂直孔或近于垂直孔时，钻孔向各个方向偏斜的概率均等，幕体开叉的概率不大。

通过深孔钻孔试验，总结超深灌浆孔的钻灌工艺、孔斜控制技术如下：

（1）超深孔钻孔存在的困难为在钻孔达一定深度后（约为50m），每回次的取钻及下钻占用时间较长，对施工工效产生影响。在钻孔过程中，操作者操作熟练并配合默契，对施工工效的提高会起到非常重要的作用。

(2)冷却水的用量应控制好，并保证正常冷却，否则可能会引起烧钻、埋钻等孔内事故，为了保证孔口返水，在孔口处安装孔口管，并使孔口管高出底板 10cm。深孔产生的孔内事故处理起来难度较大，对后续工作的影响也非常大。

(3)严格按设计角度开孔，并严格控制 20m 内的孔斜，在 20m 内每班均进行校核，发现偏差及时纠正。

(4)超深孔推荐钻孔工艺采用 XY-2 型回转式地质钻机钻孔，根据岩石的硬度采用合适的金刚石钻头，操作工上岗前应培训，并力求使用熟练的操作工，以减少操作中的失误而产生的各类事故。钻进过程中应详细记录，以便在产生孔内事故后能准确判断事故类型，正确处理，将损失降到最低。

(5)为保证幕体的连续性，100m 以上超深幕体的灌浆排数应不少于 2 排，孔距不大于 2.5m，以保证幕体的连续性。

6.4.4　小结

(1)彭水水电站防渗帷幕灌浆难点主要表现为：①遇溶蚀泥化夹层和岩溶洞穴、大规模深岩溶系统，防渗帷幕成幕难度大，防渗幕体的防渗效果、耐久性等难以保证；②岩溶发育高程低，致防渗帷幕底线低，深孔钻灌成幕施工难度大。

(2)溶蚀夹层部位的灌浆过程复杂，呈现"低压充填→高压密实→击穿渗漏→低压充填→高压密实"的循环，本工程灌注施工采取如下控制技术：低压、限流、浓浆、控制注入率，多次不间歇循环复灌，合理变换灌浆压力，灌浆设计压力采用 4~5MPa，最终取得了良好的灌浆效果，防渗性能(透水率<1Lu)和耐久性能(持续压水 72h 无渗漏)均满足设计要求。

(3)通过控制好冷却水用量，严格控制 20m 内的孔斜，采用 XY-2 型回转式地质钻机钻孔及合适的金刚石钻头，采用 2 排帷幕孔且孔距不大于 2.5m 等钻灌工艺和孔斜控制技术，彭水超深灌浆孔最终取得了良好的效果。

6.5　银盘重力坝岩溶处理经验

6.5.1　工程概况

银盘水电站位于乌江下游河段，坝址位于重庆市武隆区境内，坝址控制流域面积

74910km^2，上游接彭水水电站，下游为白马梯级，是兼顾彭水水电站的反调节任务和渠化航道的枢纽工程，是重庆电网的主力电站。水库正常蓄水位 215m，总库容 $3.2\times 10^8 m^3$，大坝为混凝土重力坝，最大坝高 80m，共安装 4 台单机容量 150MW 的轴流式水轮发电机组，年发电量 $2.69\times 10^9 kW\cdot h$，枢纽建筑物从左到右依次布置为电站厂房坝段、泄洪坝段、船闸坝段。

图 6-23　银盘水电站工程

银盘坝址地形开阔，坝基岩体主要由页岩、砂岩和灰岩相间组成，为单斜地层，岩层倾向右岸偏下游。从左至右，主要出露基岩有奥陶系分乡组（O_1f）、红花园组（O_1h）、大湾组（O_1d）、十字铺组（O_2s）、宝塔组（O_2b）、临湘组（O_3L）和五峰组（O_3w）及志留系龙马溪组（S_1l）地层。坝基范围内无大的顺河向断层切割。岩层中页岩为隔水层，砂岩为弱透水层，灰岩为岩溶透水层。

坝基存在基岩软硬相间、软弱夹层、岩溶透水层等主要工程地质问题。

（1）岩体软硬相间问题：坝基岩体由页岩、砂岩、泥灰岩、灰岩等组成，岩体软硬相间。其中软岩（O_1d^{1-1}、O_1d^{1-3}、O_1d^{3-1}、O_3w 及 S_1l）约占大坝长度的 63%，其强度和变形模量均较低，基岩不均匀变形问题突出。受夹层分割的基岩的可灌性问题也是值得引起关注的，它直接决定基岩灌浆工程量的大小。

（2）软弱夹层问题：银盘水电站坝址为斜向河谷，河流与岩层走向交角 25°，岩层倾向右岸偏下游，倾角 40°。据初步统计，坝基岩体中发育 I 类泥化剪切带 11 条，II$_1$ 类破碎夹泥剪切带 25 条，II$_2$ 类破碎剪切带 30 条。I 类泥化剪切带一般厚 1~4cm，局部厚 7~20cm，泥化层厚一般 1~3cm，最厚 7cm。II$_1$ 类破碎夹泥剪切带一般厚 2~5cm，最厚 22cm，泥化层多为不连续分布。II$_2$ 类破碎剪切带一般厚 0.5~2cm，少量厚

$10 \sim 20 cm$，层间剪切破坏面不连续，断续附泥膜，起伏差较大。弱风化带中剪切带 V_p 值为 $1630 \sim 2040 m/s$，新鲜岩体中剪切带 V_p 值为 $2740 \sim 2980 m/s$。

坝址区 18 个钻孔共揭露 51 处破碎带，主要表现为挤压破碎、层间错动、裂隙密集等几种，厚数厘米到数十厘米不等，岩体风化破碎，局部泥化。

众多基岩夹层的存在，不仅构成坝基岩体不均匀变形、坝基与坝肩岩体深层抗滑稳定等问题，软弱夹层的抗渗透变形更是坝基渗控处理的重点问题。

(3)岩溶透水层问题：坝基存在 O_1h、O_1d^{1-2}、O_1d^2、O_{2+3} 等岩溶透水层，溶洞及溶蚀裂隙发育，溶蚀部位多充泥。其中 O_1h、O_{2+3} 为强岩溶层，透水性强，O_1d^{1-2}、O_1d^2 为中等岩溶层。O_1h、O_1d^{1-2} 分布在左岸及河床，O_1d^2 分布于河床，O_{2+3} 分布于右岸。

特别是 O_{2+3} 层中揭示岩溶发育，且规模较大，是产生坝基渗漏的主要层位。坝基岩体钻孔揭露溶洞多达 19 个，一般洞高 $0.30 \sim 1.80m$，最高 $3.04m$，累计洞高 $19.29m$，遇洞线率 5.9%。岩溶发育高程 $154.82 \sim 212.47m$，大部分在高程 175m 以上。建基面以下发现 8 个溶洞，洞高 $0.2 \sim 1.80m$，均为黄泥半充填，洞壁附钙华，位于高程 $154.82 \sim 174.54m$。钻孔揭露溶洞与地表 K21 溶洞、PD2 平洞内溶洞构成 KW64 岩溶系统，总体上呈顺层分布。沿大田沟一带溶洞尤为发育，发育高程较低，可能造成大坝压缩变形过大。

钻孔发现坝基 O_{2+3} 灰岩层中 52 条溶蚀裂隙，溶蚀线率 15.8 条/100m，岩体透水性大，$q>3Lu$ 试段占总数的 27.0%，$q>3Lu$ 试段底板高程 157.99m，基岩透水率 $q>5Lu$ 的试段多分布在上述岩溶透水地层中，说明 O_{2+3} 灰岩层岩溶发育强烈。

上述岩溶透水层的存在，特别是顺岩层溶蚀问题构成上下游坝基渗漏主通道，是坝基防渗处理的重点部位。

6.5.2　地质缺陷处理

6.5.2.1　断层及软弱夹层处理

对于宽度大于 1m 的较大断层、剪切交汇带及裂隙密集带，采取槽挖并置换混凝土的处理措施。混凝土塞深度一般为 $1.0 \sim 1.5$ 倍破碎带宽度，槽挖断面为梯形，两侧坡度 1：0.5。在坝踵、坝趾出露的断层，开挖回填范围适当延长和加深。断层开挖、回填混凝土塞后，再对其周边一定深度范围进行固结灌浆，灌浆深度穿过断层下盘 $1 \sim 2m$。

对岩石破碎、裂隙发育、剪切带性状差的重点地段，全面进行固结灌浆，以加强地基完整性，增加承载力。

6.5.2.2　岩溶处理

中上奥陶统(O_{2+3})含泥质生物灰岩为强岩溶层，对于在坝基发育的浅层缓倾角溶蚀裂隙，在基坑开挖时即进行混凝土置换处理；对于埋藏较深、地表开挖回填混凝土处理较困难的溶蚀带，进行固结灌浆处理或井挖追踪回填。

对右岸 KW64 岩溶系统及溶洞采用明挖或洞挖清除，回填一定厚度的混凝土。对 KW64 岩溶系统水流设置专门管路，引出坝基以外。

对平洞开挖过程中遇到的溶洞，进行追索掏槽或扩挖清理回填混凝土，并进行必要的固结灌浆和回填灌浆。

6.5.3　帷幕灌浆技术

针对由岩溶透水层和软弱夹层构成的基岩渗漏与渗透变形问题，采用坝基帷幕灌浆处理。对裂隙性与溶蚀性基岩进行帷幕灌浆，一般成幕效果良好，但根据工程经验对软弱夹泥层、岩溶充泥层的灌浆效果则较差，成幕效果不好，帷幕的防渗性、耐久性和抗击出性能难以得到保证。

一般而言，提高灌浆压力可增强软弱夹泥层、岩溶充泥层的可灌性，产生劈裂穿插和包裹紧密的作用，形成密实的幕体，以期满足工程要求。然后，过高的灌浆压力容易造成击穿和外漏，同时影响灌浆效果。因此，研究并选取合适的灌浆压力、孔排距等钻灌参数以及灌浆控制措施等，确保软弱夹泥层与岩溶充泥层的抗击出性能与耐久性能的提高是基岩防渗帷幕灌浆的技术难点。

本工程通过现场灌浆试验，对软弱夹泥层、岩溶充泥层在高压灌浆下的帷幕幕体成幕质量及耐压性能进行了探索研究。

6.5.3.1　最大帷幕灌浆压力

现场灌浆试验探索证明，类似于试验区地质条件的页岩地层，最大受灌压力基本为 3MPa 或略低，过高的灌浆压力会对岩体造成劈裂破坏，导致浆液扩散范围过大，造成不必要的浆液浪费。

B3-1-Ⅲ-2 号孔终孔段(30.5~35.5m)灌浆(压力为 3MPa)时，浆液劈裂岩体，然后沿倾角为 40°~45°的层面上升至下游侧墙处外漏，爬升高度达 30m 之多；B1-1-Ⅰ-4 号孔第 4 段(10.5~15.5m)灌浆(压力为 2.5MPa)时，浆液串至固结区上游边墙Ⅱ1-1308 层间剪切带附近冒出，水平距离达 15m；B3-1-Ⅲ-4 号孔终孔段(30.5~35.5m)灌浆(压力为 3MPa)时，浆液串至固结区下游侧边墙外漏，浆液折线运移距离达 40m

之多。

据统计，灌浆时岩体被劈裂于地表漏冒浆的孔段多达 16 段，既有 I 序孔，也有 III 序孔，既有先灌排灌浆孔段，也有后灌排灌浆孔段，其中大多数为第 5 段及其以下的孔段(灌浆压力为 3MPa)，共计 11 段，占 69%。这充分说明，页岩地层的最大受灌压力基本为 3MPa 或略低，不宜过高，否则，会导致岩体劈裂现象显著增加。

另外，最大灌浆压力为 3MPa 的灌浆压力能确保试验区剪切夹泥带的幕体厚度、耐压指标及抗击出性满足工程要求。单排灌后剪切夹泥带幕体的破坏压力最小为 1.79MPa，双排灌后帷幕各区夹泥带幕体的破坏压力均有所提高。

综合分析认为，在满足工程要求的前提下，遵循节约资源的原则，尽量做到少劈裂击穿页岩地层，灌浆时不宜片面追求过高的压力，试验采用最大压力为 3MPa 的灌浆压力是合适的。表 6-8 给出了分排、分序、分段下的帷幕灌浆压力建议值。

表 6-8　帷幕灌浆压力建议值

类型	段次	单排		双排	
		压水压力(MPa)	灌浆压力(MPa)	压水压力(MPa)	灌浆压力(MPa)
灌浆孔	第 1 段(2m)	0.5~0.6	0.7	0.8	1.0
	第 2 段(3m)	0.8	1.2	1.0	1.5
	第 3 段(5m)	1.0	1.5	1.0	2.0
	第 4 段(5m)	1.0	2.5	1.0	2.5
	第 5 段及以下(5m)	1.0	3.0	1.0	3.0
检查孔	第 1 段(2m)	0.7	—	1.0	—
	第 2 段(3m)	1.0	—	1.0	—
	第 3 段及以下(5m)	1.0	—	1.0	—

6.5.3.2　幕体耐久性及抗击出性

工程实践证明，影响帷幕幕体的耐久性及抗击出性的因素众多，如何合理地评价和分析帷幕幕体的长期耐久性及抗击出性，目前并无普遍适用的方法，行业规范和标准对此亦无明确规定。

银盘工程帷幕灌浆试验在此做了一些尝试，通过疲劳压水试验、破坏性压水试验，对夹泥层地质缺陷部位的渗透比例极限压力、破坏水力比降、灌后幕体的耐久性及抗击出安全度等做了深入研究，并得出一些有益的结论。相关试验过程及成果简明表述如下：

在帷幕灌前、单排灌后、双排灌后分别选取有代表性的常规灌浆孔和压水检查孔，进行耐久性压水试验（疲劳压水试验）。试验孔段主要是钻孔取芯及孔内电视录像解释的软弱夹层。段长 5~10m，压水起始压力 0.5MPa，目标压力 1.0MPa，升压步长 0.1MPa，每级压力稳定时间 1h，纯压式压水持续 72h，获取帷幕耐久性参数。

此外，抗击出性压水试验（破坏性压水试验）是在疲劳压水试验的基础上，持续逐级提高压水压力，每级增加 0.1MPa，每级压力持续 10min，至夹泥层幕体有破坏迹象时，再逐级降低压力至起始值，推求帷幕幕体破坏性参数。

图 6-24 给出了帷幕灌浆试验区灌前 B1-2-Ⅰ-1 号孔，单排灌后 J-1、J-8 号孔，以及双排灌后 J-2、J-5、J-7 号检查孔，共 6 个典型孔段的耐久性压水试验流量-历时曲线成果。

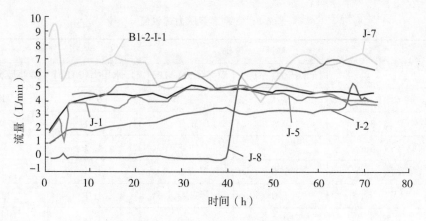

图 6-24　耐久性压水试验流量-历时曲线

抗击出性压水试验分别在上述各孔耐久性压水试验完成后紧接着进行。典型孔段 B1-2-Ⅰ-1 号孔、J-2、J-5 及 J-7 号孔的破坏性压水压力-流量曲线成果如图 6-25 所示。

由图 6-24 对比可以看出，灌前剪切夹泥带岩体流量-历时曲线中的稳定平台呈"振荡"状态，且持续时间相对较短，说明天然情况有外水头压力作用下其耐久性不足，不排除在压力为 1.0MPa、长时间的压力水头作用下岩体被击穿破坏的可能性。单、双排灌浆后流量-历时曲线在疲劳压水结束阶段趋于收敛稳定状态，透水率均稳定在 3.0 Lu（防渗标准）以内，耐久性明显增强，可以满足设计要求，单排灌浆后帷幕的耐久性比双排灌浆后略差。

根据上述耐久性压水试验流量-历时曲线成果可以得出夹泥层孔段防渗幕体耐压指

标详见表 6-9。

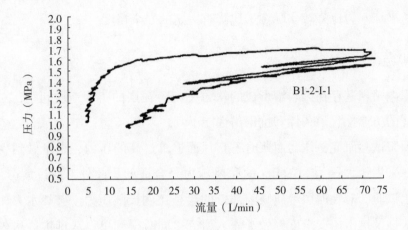

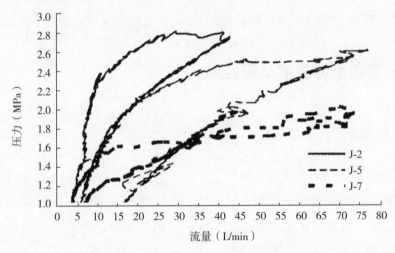

图 6-25　抗击出压水压力流量曲线

表 6-9　防渗幕体耐压指标

阶段	帷幕分区	孔号	比例极限(MPa)	破坏压力(MPa)	半幕体厚度(m)	渗透破坏水力比降	实际渗透比降
灌前	B1	B1-2-Ⅰ-1	1.40	1.65			
单排灌后	B1	J-1	2.00	2.50	1.000	250	48.5
	B3	J-8	1.50	1.79	1.250	143	32.8
双排灌后	B1	J-2	2.20	2.80	1.375	203	34.5
	B2	J-5	2.00	2.50	1.150	217	37.8
	B3	J-7	1.58	2.00	1.720	116	24.1

分析认为，单排灌后帷幕幕体的破坏压力最小为 1.79MPa，双排灌后有所提高，帷幕幕体的破坏压力最小为 2.00MPa。在坝前最大水头作用下，单、双排灌后夹泥层幕体的渗透破坏水力比降较实际渗透比降有一定的安全裕度。

6.5.4　小结

银盘水电站坝基存在因岩溶形成的软弱夹(充)泥层的工程地质问题，对灌浆成幕效果，帷幕的防渗性、耐久性和抗击出性能不利。

通过灌浆试验研究，认为灌浆时不宜片面追求过高的压力，尽量做到少劈裂击穿页岩地层，采用最大压力为 3MPa 的灌浆压力是合适的。此外，通过疲劳压水试验、破坏性压水试验，对夹泥层地质缺陷部位的渗透比例极限压力、破坏水力比降、灌后幕体的耐久性及抗击出安全度等做了深入研究，同时得到单、双排帷幕耐久性压水的流量-历时曲线特征和灌后的幕体破坏性压水压力-流量曲线等一系列成果。

6.6　重庆莲花水库岩溶处理经验

6.6.1　工程概况

重庆莲花水库所在的大沙溪流域位于丰都县境内，发源于丰都县双路镇莲花洞村火石垭，自东南向西北流经铁石坪、天生桥、石板滩，于丰都工业园旁注入长江，河道全长 17.10km，流域控制集水面积 32.40km²，河道平均比降为 46.6‰。水库工程位于双路镇莲花洞村韭菜垭处，距双路镇约 15km，距丰都县城约 25km，有公路从丰都县城到达坝址，交通较为便利。

重庆莲花水库是《水利部对口帮扶重庆市丰都县脱贫攻坚实施方案》(2016 年)、《全国抗旱规划"十三五"实施方案(2017—2020)》《重庆市丰都县水利发展"十三五"规划》所确定的水源工程项目，工程主要任务为村镇供水和灌溉。

坝址位于双路镇莲花洞村韭菜垭处，属于大沙溪上游石槽水河段，坝址以上控制集雨面积 1.14km²。工程规模为 V 等小(2)型，水库正常蓄水位 1042.00m，总库容 4.612×10⁵m³，调节库容 3.58×10⁵m³，年供水量 5.18×10⁵m³。大坝采用混凝土重力坝坝型，主要建筑物级别为 5 级，最大坝高 37.7m，坝顶轴线全长 113.0m(图 6-26)。

根据地质勘察成果，莲花水库坝址及库区岩溶发育，水库渗漏问题较为突出。由于库容较小，即便发生微小的渗漏，也会影响工程正常运用。因此，岩溶问题是决定莲花水库成败的关键。

图 6-26　重庆莲花水库工程全貌

本书将以莲花水库为例，论述岩溶地区建库的防渗处理方案比较研究。

1. 岩溶发育特征

莲花水库区出露地层主要为二叠系上统长兴组（P_2c）厚层灰岩、三叠系下统飞仙关组第一段（T_1f^1）薄—极薄层泥质灰岩及飞仙关组第二段（T_1f^2）中厚层泥质灰岩夹薄层灰岩。库区地层分布示意见图 6-27。

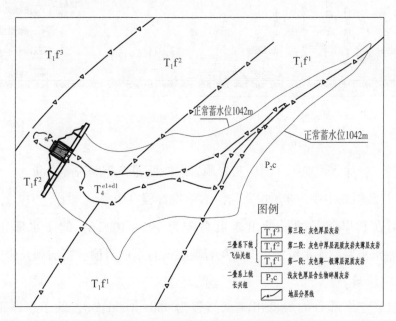

图 6-27　莲花水库库区地层分布示意图

库尾 P_2c 为强岩溶层，地表溶沟、溶槽及落水洞发育；库盆中部 T_1f^1 为弱岩溶层，浅部溶蚀裂隙发育；库首 T_1f^2 为中等岩溶层，地表溶沟溶槽、岩体层面及裂隙溶蚀较发育，局部孔深段发育岩溶或溶蚀破碎带。

2. 可能的渗漏途径

根据地质分析，岩溶渗漏可能存在三条途径。

（1）途径一：库水可能沿 P_2c 灰岩顺岩层走向向水库左岸低邻谷产生岩溶渗漏。

水库区左岸库尾地段分布二叠系上统长兴组（P_2c）厚层块状灰岩，为强岩溶层，地表出露高程大致在 1030m 以上。

根据地质分析，P_2c 灰岩层向南西侧延伸，分水岭独树子—石金山一带岩溶系统发育，且分水岭西南侧谭家沟沟底高程 1035m 附近发育一泉水（kw1），该泉发育地层为 P_2c。水库蓄水后，正常蓄水位 1042m，高于 kw1 排泄口高程，库水可能沿 P_2c 强岩溶灰岩顺岩层向左岸南西侧低邻谷谭家沟产生岩溶渗漏，渗漏路径示意如图 6-28 所示。

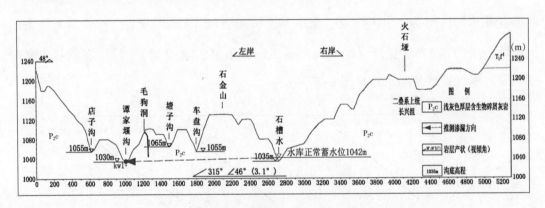

图 6-28　库水沿 P_2c 灰岩向西南侧低邻谷渗漏示意图

（2）途径二：库水可能沿 T_1f^2 层灰岩顺岩层向低邻谷产生岩溶渗漏。

水库库首及坝基主要为 T_1f^2 层灰岩，岩溶发育程度中等。

T_1f^2 灰岩在右岸邻谷的最低出露点高程为 991～1022m，低于水库正常蓄水位 1042m。水库蓄水后，库水可能沿 T_1f^2 灰岩顺层向右岸白岩槽、岩前坝及张家咀沟等低邻谷产生岩溶渗漏。

T_1f^2 灰岩在左岸邻谷的最低出露点高程为 958～1000.5m，低于水库正常蓄水位 1042m。水库蓄水后，库水可能沿 T_1f^2 灰岩顺层向左岸车盘沟、店子沟及石板沟等低邻谷产生岩溶渗漏，沿 T_1f^2 灰岩地层顺层渗漏路径示意如图 6-29 所示。

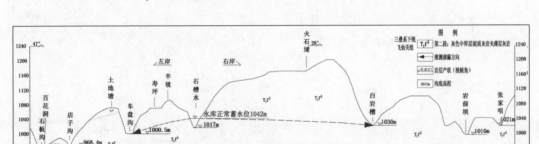

图 6-29　库水沿 T_1f^2 灰岩顺层向两岸低邻谷渗漏示意图

3）途径三：库水可能沿 T_1f^1 层浅部溶蚀裂隙向 T_1f^2 层及 P_2c 层渗漏。

水库中部为 T_1f^1 薄层泥质灰岩夹页岩，岩体本身岩溶发育程度微弱或不发育，属于相对隔水岩体。但是，根据钻孔压水试验，T_1f^1 层浅表层 15m 范围以内岩体风化破碎且存在一定的溶蚀裂隙，透水率相对较大。水库蓄水后，库水可能沿 T_1f^1 浅表层裂隙通道向 T_1f^2 层及 P_2c 层渗漏，库水沿 T_1f^1 层浅表层渗漏路径示意如图 6-30 所示。

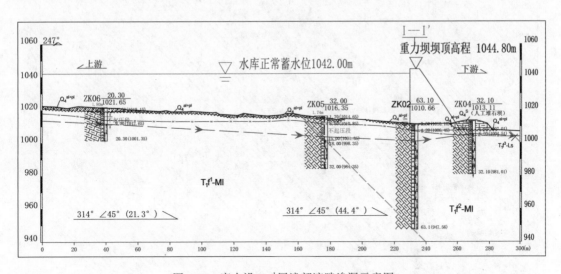

图 6-30　库水沿 T_1f^1 层浅部溶隙渗漏示意图

综上所述，莲花水库蓄水后，库水存在三条渗漏途径（图 6-31），即：沿溶蚀强烈的 P_2c 层灰岩向西南侧低邻谷渗漏、沿岩溶中等发育的 T_1f^2 层灰岩向水库两岸低邻谷渗漏、沿 T_1f^1 层浅部溶隙向 T_1f^2 及 P_2c 层产生切层渗漏。从渗漏方向来看，库水既可能沿垂直方向渗漏，也可能沿水平向向邻谷渗漏。从渗漏部位来看，坝基与库周均可能存在渗漏通道。针对莲花水库的渗漏机理，需要采取可靠的防渗措施。

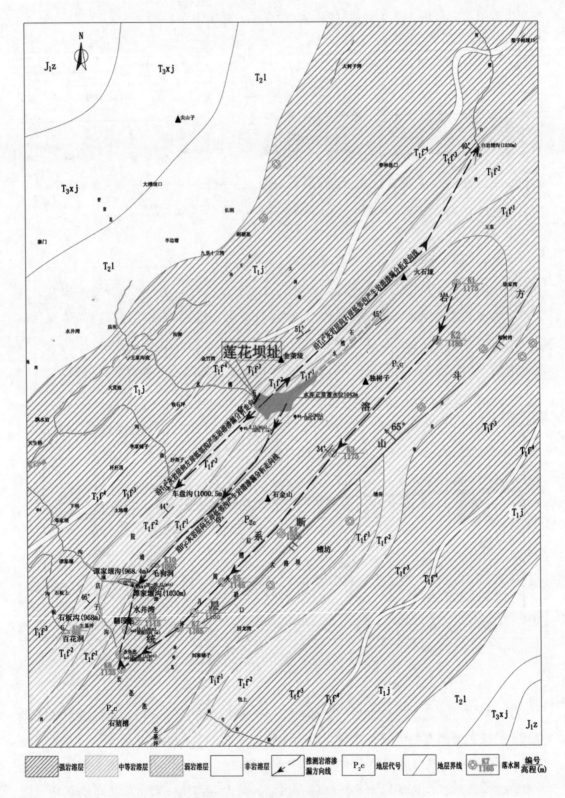

图 6-31　莲花水库三条渗漏途径示意图

6.6.2　比选防渗方案

6.6.2.1　防渗基本思路

莲花水库坝址以上水库控制流域面积 $1.14km^2$，多年平均流量仅 $0.025m^3/s$。

结合莲花水库的渗漏机理，为了阻截水库渗漏通道，尽可能减少水库渗漏量，确保水库正常蓄水，初拟采取三种防渗处理方案：①库盆全面防渗处理；②仅针对岩溶发育地层进行局部防渗处理；③避开强岩溶地层建库，小范围防渗处理。

1. 库盆全面防渗处理

莲花水库能否正常蓄水运行与渗漏量大小的关系密切且较为敏感，水库防渗要求较高。从渗漏机理分析，水库既可能沿坝基 T_1f^2 岩溶地层向邻谷渗漏，也可能沿库尾 P_2c 岩溶地层向低谷渗漏。

借鉴类似工程经验，对于水库库容小、库盆面积不大、渗漏问题突出的莲花水库，可采取全库盆防渗处理，具体措施包括现浇混凝土面板、喷射混凝土、黏土铺盖、铺设土工膜等。

2. 仅对岩溶发育地层进行局部防渗处理

根据地质条件分析，T_1f^1 地层为薄—极薄层泥质灰岩夹页岩，除了浅表层裂隙的透水性较大而向相邻地层切层渗漏外，并不存在沿该层向邻谷渗漏的问题。因此，仅通过解决 T_1f^2 和 P_2c 岩溶地层的防渗问题，也可达到控制水库渗漏的目的。

根据莲花水库特点，正常蓄水位 1042m 以下的库盆总面积约 $4×10^4m^2$。其中：库尾 P_2c 地层面积约 $0.7×10^4m^2$，占总库盆面积的 17.5%，库盆中部 T_1f^1 地层面积约 $2.5×10^4m^2$，占总库盆面积的 62.5%；库首坝基 T_1f^2 地层面积约 $0.8×10^4m^2$，占总库盆面积的 20%。从统计数据来看，相对隔水的 T_1f^1 地层占整个库盆面积的 2/3，中等至强岩溶发育的 T_1f^2 和 P_2c 地层仅占总库盆面积的 1/3 左右，只对 T_1f^2 和 P_2c 地层采取防渗措施而不对 T_1f^1 地层采取处理措施，可显著减少库盆表面防渗面积，可能会节约工程投资。

经上述分析，可通过设置防渗帷幕阻截坝基 T_1f^2 地层的渗漏通道，通过库盆坡面混凝土面板阻截库水进入 P_2c 地层。

3. 避开强岩溶地层建库，小范围防渗处理

虽然库尾 P_2c 强岩溶地层的分布范围不大，却是整个莲花水库防渗处理的关键。如果能避开 P_2c 强岩溶地层建库，将有效降低莲花水库防渗处理难度及范围。

经分析，可在现有地形的基础上，对 T_1f^2 和 T_1f^1 地层进行开挖成库。具体思路为：按 P_2c 地层和 T_1f^1 地层分界高程（约 1030m）作为水库封闭的顶高程，开挖形态及大小以不减少水库总库容（$4.612×10^5m^3$）且开挖量最小进行控制。

按此思路，不仅库盆不会进入 P_2c 强岩溶地层，而且 T_1f^1 地层浅表层岩体将被全部挖除，只需对坝基 T_1f^2 地层采取防渗措施即可满足水库防渗要求，而且挡水大坝的高度及工程量可显著降低。

6.6.2.2 防渗措施选择

水库防渗常见的工程措施包括：现浇钢筋混凝土面板、现浇沥青混凝土面板、喷射聚丙烯或钢纤维混凝土、铺设土工膜、黏土铺盖、防渗帷幕灌浆等。经研究，不同形式的防渗结构各有其优缺点。

1. 现浇沥青混凝土面板

沥青混凝土面板防渗已在天荒坪、宝泉、张河湾、西龙池等工程中成功应用，其优点为：具有良好的防渗性能，渗透系数小于 $10^{-8}cm/s$，渗漏量小；有较强的适应基础变形和温度变形能力，能适应较差的地基条件和较大的水位变幅；施工速度快，与坝体施工干扰少；面板缺陷能快速修补。

沥青混凝土面板的局限性为：对所用材料要求较高，粗骨料宜采用坚硬、新鲜岩石；对沥青的要求较高；与周边混凝土建筑物的连接处理复杂；施工工序多，生产及工艺复杂；造价相对较高。

2. 现浇钢筋混凝土面板

钢筋混凝土面板防渗已在江苏宜兴抽水蓄能上水库等工程中成功应用，其优点为：能适应较陡边坡；施工技术成熟；抗冲、耐高温及防渗性能好；施工速度快；与沥青混凝土防渗相比，投资节省。

钢筋混凝土面板的局限性为：接缝设计复杂；适应温度及地基变形能力差；面板裂缝修补麻烦，这也限制了此防渗型式的广泛运用。

3. 铺设土工膜

土工膜防渗最早在泰安抽水蓄能电站、云南坝塘水库、山西墙框堡水库等工程成功应用，其优点为：防渗性能好，渗透系数可达 $i×10^{-11}$cm/s 以下；当防渗结构基础为土基、变形较大的堆石或填渣时，土工膜能较好地适应基础变形；单位面积造价低，为混凝土防渗的 1/3~1/2.5，经济性显著；施工设备投入少、施工速度快。

土工膜防渗的缺点为：地形一般不陡于 1∶1.5，地形适应性一般；施工过程需要工人认真操作，保证焊接和锚固质量、防止刺破土工膜结构；需要做排水排气措施，防止臌胀破坏等。

4. 黏土铺盖

黏土铺盖防渗已经在宝泉、拉丁顿等工程中成功应用，其优点为：具有一定的适应地基变形能力；就地取材；渗漏量小，黏土经碾压后渗透系数可达 $i×10^{-6}$cm/s；造价低廉；施工简便，已有成熟的施工经验和设备。

黏土铺盖防渗的缺点是：仅适合附近黏土储量丰富的工程，适用条件受到一定限制；对管道型渗漏，容易产生破坏，可靠性低。

5. 喷射混凝土

喷射混凝土防渗已在回龙水库等工程中应用，其优点是：喷混凝土可以随坡就势，对基础面平整度要求低；配筋量小，无须设垫层，结构设计简单；简化了开挖和混凝土施工工艺。

喷射混凝土防渗的缺点是：回弹变形控制对混凝土的配合比和施工程序有一定要求；容易开裂，往往需要掺加外加剂和纤维材料；修复麻烦，往往需要凿除老混凝土或采取其他修补措施。

6. 基岩帷幕灌浆

帷幕灌浆防渗应用最广，其优点是：可在坝体内或坝基内的廊道中进行，与坝体混凝土浇筑互不干扰；竣工后可监测帷幕运行情况，并可对帷幕补灌。

帷幕灌浆防渗的缺点是：隐蔽施工，施工质量通过压水等手段间接检查；对于岩溶通道及裂隙发育部位，吸浆量大，工程质量和造价难控制。

上述防渗措施均较为成熟，在不同工程中应用广泛，可结合莲花水库的具体特点、设计思路、施工水平等因素，选择不同的防渗处理措施。

6.6.2.3　比选防渗方案拟定

根据前述分析，针对莲花水库防渗要求，比较了全库盆防渗、局部帷幕灌浆防渗、规避强岩溶地层三种方案。

1. 全库盆防渗方案

本工程库盆地形较陡，附近无黏土料，不适合大面积铺设黏土防渗；同时考虑沥青混凝土面板工艺要求高、投资大，为节省工程投资，也不采用。因此，本工程全库盆防渗可选择现浇钢筋混凝土面板、喷射钢纤维混凝土和铺设土工膜三种防渗形式。根据调研同类工程设计经验，三种防渗形式的具体结构比较如下：

现浇钢筋混凝土面板方案：全库盆采用厚度 30cm 的 C25 钢筋混凝土面板防渗，面板双层双向配置 ϕ8mm 钢筋，间距 20cm；面板按面积 8m×10m 左右分块分缝，缝间采用紫铜止水；面板通过 ϕ25mm 锚杆（L=3m@ 3m×3m）与边坡锚固连接。

面板+喷射钢纤维混凝土防渗方案：近坝库盆采用厚度 30cm 的 C25 钢筋混凝土面板防渗，其余部位挂镀锌铁丝网并喷射 20cm 厚的 C25 钢纤维混凝土防渗，ϕ25mm 锚杆长度 3m，间距 3m×3m；喷射混凝土按面积 10m×10m 左右分缝，缝间采用 653 型塑料止水。

铺设土工膜+面板防渗方案：对于近坝库盆及岸坡较陡部位（按陡于 1∶1.5 考虑）采用厚度 30cm 的 C25 钢筋混凝土面板，其余部位铺设 HDPE 两布一膜复合土工膜，土工膜通过锚固沟槽与坡面锚固，膜后设排水板排水。

由于库盆防渗面积相同，上述三种防渗形式的选择可从以下 3 个方面进行比较。

1）防渗效果与可靠性比较

钢筋混凝土面板和喷射混凝土按 W6 级设计，其渗透性约为 10^{-6}cm/s；而土工膜的渗透性一般在 10^{-11}cm/s 以下。在正常情况下，三种方案都满足防渗要求，但土工膜的防渗性能远小于混凝土结构。

从结构破坏概率来看，混凝土结构容易产生裂缝；而土工膜只要不发生人为刺穿，一般不会破坏渗漏，其防渗可靠性高于混凝土防渗结构。

2）单位面积综合差价比较

根据概算单价，不同方案单位面积的综合造价比较见表 6-10（只比较主要施工项目）。由表 6-10 可以看出，钢筋混凝土面板和喷射钢纤维混凝土方案的造价均高于复合土工膜防渗方案。

表 6-10　不同全库盆防渗方案单位面积(100m²)综合造价对比表

方案	项目	单位	工程量	单价 (元)	合价 (元)	综合造价 (元/100m²)
钢筋混凝 土面板	石方明挖与清理	m³	91.00	17.82	1621.62	33112.16
	C25 混凝土	m³	30	473.59	14207.7	
	紫铜止水	m	20	656.58	13131.6	
	钢筋制安	t	0.395	6783.94	2679.6563	
	锚杆(ϕ25mm、L=3m)	根	11	133.78	1471.58	
喷射钢纤 维混凝土	石方明挖与清理	m³	45.13	17.82	804.22	23660.00
	C30 钢纤维混凝土	m³	20	933.44	18668.80	
	塑料止水	m	20	106.12	2122.40	
	镀锌铁丝网	m²	100	5.93	593.00	
	锚杆(ϕ25mm、L=3m)	根	11	133.78	1471.58	
复合 土工膜	石方明挖与清理	m³	64.47	35.94	2317.19	19131.59
	HDPE 复合土工膜	m²	120	66.82	8018.40	
	排水板	m²	100	18.08	1808.00	
	喷射 C20 混凝土	m³	10	698.72	6987.20	

3)施工难度比较

钢筋混凝土面板和喷射混凝土属于刚性防渗结构,混凝土开裂很难避免。莲花水库库盆面积 4.4 万多平方米、多年平均来水量仅 0.025m³/s,即使出现少量裂缝渗漏,也会对水库正常蓄水产生较为明显的影响。另外,混凝土裂缝的维修处理相对费时、费力,有一定难度。复合土工膜属于柔性防渗结构,防渗性能可靠,运行维护简单。

综合比较可靠性、造价、施工等各种因素,可选择"土工膜+钢筋混凝土面板"相结合的复合防渗形式作为全库盆防渗的代表方案参与防渗方案比选,即:对坡度缓于 1:1.5 的部位铺设土工膜防渗,对坡度陡于 1:1.5 的部位采用钢筋混凝土面板防渗。

2. 局部帷幕灌浆防渗方案

由于莲花水库中部的 T_1f^1 为相对隔水层,可不采取防渗处理措施,仅对库首和库尾的岩溶地层采取防渗措施。根据局部防渗思路,可采取如下方案:

(1)在坝基设置防渗帷幕,帷幕底线及端点均接至相对不透水的 T_1f^1 地层,通过帷幕在库盆近坝部位形成兜底防渗形式。

（2）在库尾低于 T_1f^1 和 P_2c 地层分界高程以下一定范围采用现浇钢筋混凝土面板防渗，同时在库尾沿混凝土面板边界布置一道灌浆帷幕，阻截库水沿 T_1f^1 浅表层裂隙向 P_2c 地层渗漏。

3. 规避强岩溶方案

为规避 P_2c 强岩溶地层对水库的影响，可采取两种方案：一种是另外选择合适的坝址建库；另一种是不改变选定的韭菜垭坝址和水库规模，但通过调整改变库盆形态来规避强岩溶地层渗漏问题，即挖坑建库规避强岩溶。

根据坝址比较分析，前一种方案为重新选择坝址，不可行。对于后一种方案，可在现有地形的基础上，对 T_1f^2 和 T_1f^1 地层进行开挖建库，控制原则为：以 P_2c 地层和 T_1f^1 地层分界高程作为水库封闭的顶高程，不减少水库总库容且开挖量最小。

按此思路，库盆不进入 P_2c 强岩溶地层，且将 T_1f^1 地层浅表层岩体全部挖除，仅对坝基 T_1f^2 地层采取防渗措施，大坝高度及工程量可显著降低。

综上所述，选择全库盆复合防渗、局部帷幕防渗、挖坑建库规避强岩溶三种方式参与防渗方案比选，对上述三种方案从工程布置、施工、投资等方面进行综合比较，选定莲花水库防渗方案。

6.6.3 代表性防渗方案比较

6.6.3.1 全库盆防渗方案

全库盆防渗方案总体方案（图6-32）如下：

（1）根据大坝建基面开挖形态，对死水位以上坡度陡于1:1.5的部位（主要在库尾）和近坝20m范围内的库盆设置厚度30cm的C25钢筋混凝土面板防渗，面板双层双向配置 ϕ8mm 钢筋，间距20cm；面板通过 ϕ25mm 锚杆（$L=2$m@3m×3m）与边坡锚固连接。

（2）库盆其余部位铺设厚度0.75~1.25mm的HDPE两布一膜复合土工膜防渗，土工膜通过锚固沟槽与坡面锚固。其中，岸坡部位采用厚度1.25mm的双面加糙环保土工膜，库底平缓部位采用厚度0.75mm的光面土工膜。岸坡土工膜与坡面之间设一层排水板，兼顾膜后排水排气。

为提高土工膜的稳定安全性且便于施工，对坡面进行整平，并在高程1026.6m和

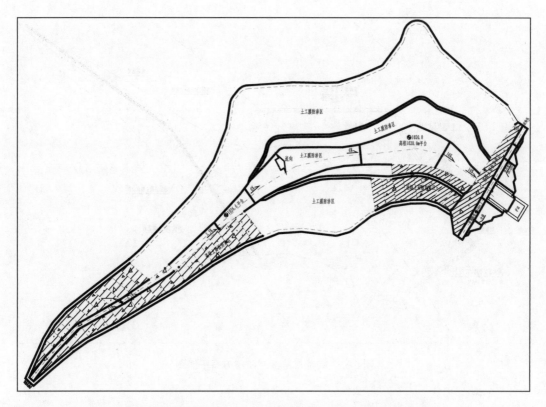

图 6-32　全库盆防渗方案(土工膜+混凝土面板方案)平面示意图

高程 1044.3m 分别布设马道，利用马道锚固沟加固土工膜，混凝土锚固沟断面 0.3m×0.3m。坡面喷 10cm 厚 C20 混凝土保护层。

全库盆防渗方案主要工程量为：地表石方开挖与清理 29212m³，石渣回填 10379m³，土工膜 43133m²，排水板及土工布铺设 28431m²，混凝土 4298m³，钢筋 103t，防渗工程直接投资约 1144.91 万元，整个水库枢纽工程土建直接投资约 2584.77 万元。

6.6.3.2　局部帷幕灌浆防渗方案

为了减少库盆防渗面积，仅对岩溶发育中等及严重的地层进行局部防渗处理。经研究，局部防渗平面布置及典型剖面见图 6-33、图 6-34。

具体方案如下：

(1)在坝基设置防渗帷幕阻截 T_1f^2 地层的渗漏通道，帷幕底线及端点均接至相对不透水的 T_1f^1 地层，通过帷幕在库盆近坝部位形成兜底防渗形式。帷幕灌浆孔最大深度 60m，最大孔斜 45°，灌浆孔间距 2m。

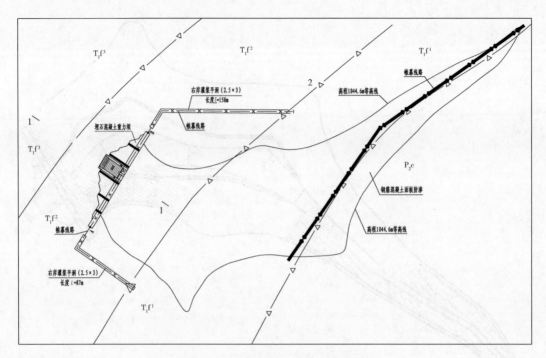

图 6-33　局部帷幕灌浆防渗方案平面图

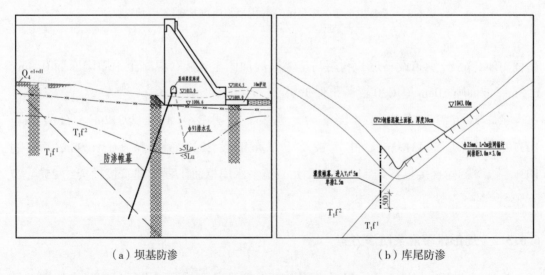

（a）坝基防渗　　　　　　　　（b）库尾防渗

图 6-34　局部帷幕灌浆防渗方案典型剖面图

（2）为了防止库水直接沿 P_2c 地层渗漏，在库尾高程 1025m 以上（低于 T_1f^1 和 P_2c 地层分界高程 3~5m）采用现浇厚度 30cm 的 CF25W6 钢筋混凝土面板防渗，面板设计参数同全库盆库首防渗方案。同时，为了防止库水沿 T_1f^1 地层浅表层裂隙向 P_2c 地层渗漏，在库尾沿混凝土面板边界布置一道灌浆帷幕，深度约 20m，孔间距 2m。

局部防渗方案主要工程量为：防渗帷幕 $1.4×10^4$ m，CF25 混凝土 $0.3×10^4$ m³，地表石方开挖与清理 $0.4×10^4$ m³，锚杆 891 根，钢筋 28t，防渗工程直接投资约 1826.66 万元，水库枢纽工程土建直接投资约 3089.38 万元。

6.6.3.3　挖坑建库规避强岩溶方案

为了避开 P_2c 强岩溶地层、降低莲花水库防渗处理难度及缩小防渗处理范围，对 T_1f^2 和 T_1f^1 地层进行挖坑建库，即：以 P_2c 地层和 T_1f^1 地层分界高程控制水库大坝顶高程，开挖一个开口面积约 $2.5×10^4$ m²、坑底高程 1000m 的近长方形水坑作为水库蓄水，水库总库容仍控制为 $4.612×10^5$ m³。挖坑建库平面布置及典型剖面见图 6-35、图 6-36。

按该方案，库盆不会进入 P_2c 强岩溶地层，而且 T_1f^1 地层浅表层岩体将被全部挖除，对坑底铺设土工膜，对边坡采用现浇厚度 30cm 的 CF25W6 钢筋混凝土面板防渗，面板设计参数同全库盆防渗方案。

挖坑建库后，挡水大坝顶高程为 1030m，最大坝高 23.5m；取水建筑物需增设一条长度 120m、断面 2.5m×3m 的输水洞供水；围堰可布置在原库盆中部，全年挡水围堰高度约 7m。其他泄水、消能、取水等建筑物与全库盆防渗及局部防渗方案的相应建筑物结构基本相同。

挖坑建库方案主要工程量(不含挡水大坝与隧洞)为：石方开挖约 $4.1×10^5$ m³，CF25 混凝土 2426m³，锚杆 1410 根(长度 3m)，钢筋 91.25t，土工膜 14850m²，防渗工

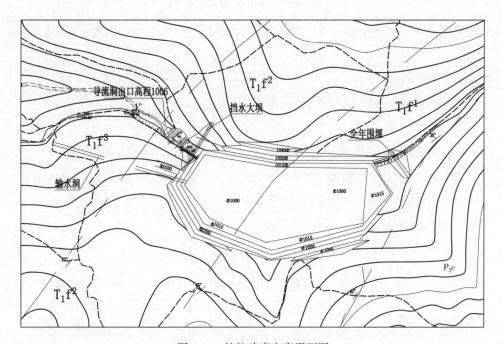

图 6-35　挖坑建库方案平面图

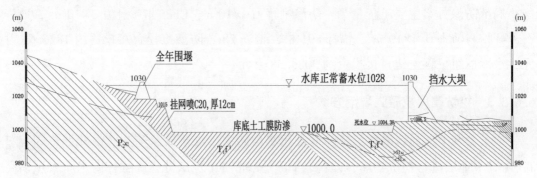

图 6-36　挖坑建库方案典型剖面图

程(含开挖)直接投资约 2162.33 万元,水库枢纽工程土建直接投资约 2901.03 万元。

6.6.3.4　防渗方案比选

从防渗可靠性、技术难度、土石方平衡、施工强度、工程投资等方面对全库盆防渗方案、局部帷幕灌浆防渗方案及挖坑建库规避强岩溶方案进行比选,每个方案的优缺点见表 6-11。

由表 6-11 可以得出,全库盆防渗方案施工相对可靠、施工强度相对较低、征地范围小,总体投资最小,综合优势明显,故选其作为莲花水库的推荐防渗方案。

表 6-11　不同防渗方案比选

比选项目	全库盆防渗方案	局部帷幕灌浆防渗方案	挖坑建库规避强岩溶方案
防渗可靠性	土工膜及混凝土面板防渗效果可靠	利用 T_1f^1 深部地层作为相对隔水层,但帷幕灌浆为隐蔽工程,施工质量及投资难控制,有一定渗漏风险	避开了强岩溶发育地层和 T^1f^1 浅表层渗漏通道,施工质量相对受控,渗漏风险较小
技术难度	重点是控制土工膜铺设质量,已有较多工程经验,难度小	除了混凝土防裂,两岸坝肩帷幕灌浆最大深度达 100m,施工难度较大	重点是控制面板的开裂,已有较多工程经验,技术难度相对不大
土石方平衡	开挖量 $2.92 \times 10^4 \mathrm{m}^3$(不含道路),可运至坝下游 1.3km 左右的沙坝子弃渣场堆放,水土保持设计相对简单	开挖量均不足 $0.77 \times 10^4 \mathrm{m}^3$,可运至坝下游 1.3km 左右的沙坝子弃渣场堆放,水土保持设计简单	大坝较矮,可利用石料约 $4.2 \times 10^4 \mathrm{m}^3$,$3.7 \times 10^5 \mathrm{m}^3$ 石料需要外运,需另选弃渣场,征地范围大,水保设计相对复杂

续表

比选项目	全库盆防渗方案	局部帷幕灌浆防渗方案	挖坑建库规避强岩溶方案
施工强度	施工工作面大，可以平行施工，施工强度低	施工工作面大，可以平行施工，施工强度较低	先开挖后防渗，工程量大，施工强度较大
工程投资	枢纽工程土建直接投资约 2584.77 万元	枢纽工程土建直接投资约 3089.38 万元	枢纽工程土建直接投资约 2901.03 万元

6.6.4　小结

虽然重庆市丰都县莲花水库规模不大，但是岩溶渗漏问题的研究处理过程具有典型性。在地勘资料相对不多的情况下，分析了各种可能的岩溶渗漏通道和处理方案，提出了全库盆防渗、局部帷幕灌浆防渗、挖坑建库规避强岩溶等设计思路，并从施工角度分析了岩溶渗漏控制的可靠性、可行性以及工程造价等因素，对于中小型工程的岩溶处理具有较强的借鉴意义。

6.7　南水北调中线陶岔渠首枢纽工程岩溶处理经验

6.7.1　工程概况

南水北调中线陶岔渠首枢纽工程(图 6-37)，位于河南省南阳市淅川县九重镇陶岔村，是丹江口水库的副坝和南水北调中线工程的标志性建筑。中线工程完工后，陶岔渠首成为向中国北方京津冀等地区送水的"水龙头"。陶岔渠首建筑物主要有引渠、重力坝、引水闸、消力池、电站厂房和管理用房等。

陶岔渠首枢纽工程范围内下伏基岩为奥陶系中统灰岩、白云岩，含泥质条纹灰岩，表层覆盖层为 Q_1、Q_2 粉质黏土，且以 Q_2 粉质黏土为主。黏土覆盖层渗透系数小，透水性弱，而下部岩体透水性较强，勘探资料表明，岩体中具中等—强透水性的试验段占试验总段数的 75%，主要分布在高程 110~160m。地下水渗流具明显的方向性，受 NWW—SEE 向主构造线的影响，岩体 NWW 向透水性较强。垂直岩层走向方向(即顺渠道方向)岩体透水性相对较弱且不均一，岩体受 NNE 向结构面及沿其发育的岩溶影响，局部具较强透水性。NWW 向和 NNE 向裂隙的组合构成基岩渗漏的主要通道。

选定的下闸线位于初期工程下游海漫部位，距原闸约 70m，渠底高程 138m 左右。引水闸基岩为奥陶系中统碳酸盐岩。因闸线处于汤禹山背斜南翼向斜核部附近，基岩

图 6-37　南水北调中线陶岔渠首枢纽工程全貌

中小型断层、断层破碎带及构造裂隙较为发育，其年代较早，断层角砾岩一般为后期泥钙质胶结，胶结较好，构造裂隙以陡倾角裂隙为主，缓倾角裂隙少见。裂隙多被方解石脉充填，部分裂隙呈闭合状，裂面呈褐红色。

　　闸线附近溶蚀较为发育，也存在渗漏问题。岩溶形态主要以溶隙、溶孔为主，少量为溶洞，高程 130m 以上分布相对集中。溶隙一般沿高倾角裂隙或方解石脉发育，宽度一般为 1～2cm，少量大于 4～5cm，部分为黏性土、泥钙质充填或半充填。右岸高程 140m 以上揭露较大规模溶洞有 3 个，高程 100m 左右揭露 1 个，均为黏性土充填。除 T19 孔揭露的溶洞在开挖面附近，对建筑物稳定有一定影响外，其余各溶洞因分布高程在开挖线以上或埋深较大，对建筑物影响不大。

　　总体来看，陶岔渠首枢纽工程处于汤禹山背斜核部附近，闸基为可溶岩体，断裂构造较发育，致使岩溶亦较发育，岩体透水性以中等透水为主；闸址与龙潭河泉之间的禹山地下分水岭高程低于 170m 正常蓄水位。存在闸基渗漏及绕闸渗漏问题。丹江口水库蓄水至 170m 后，库水将补给地下水，主要渗漏途径有：①从闸前入渗区入渗，经闸基或绕闸从右岸向闸后渠道方向渗漏；②从汤山西与西北侧入渗区入渗，向闸后总干渠内灰岩出露区渗漏或以泉的形式从黏性土层相对较薄处涌出；③从引渠及汤山西南库区孤岛入渗区向龙潭河方向渗漏。根据其渗漏的方向和主要途径，需采取相应的防渗处理措施。

6.7.2　渗控方案

　　根据闸址区的工程地质和水文地质条件，建筑物对降低基础扬压力、减少闸基渗漏量、减小基岩渗透坡降，以及防止沿软弱结构面、断层破碎带产生渗透破坏的要求，确定防渗方案为：闸基及两岸一定范围设置灌浆帷幕进行垂直防渗。由于左、右岸帷幕线沿线表层黏土厚度较大，渗透系数在 $5 \times 10^{-7} \sim 3 \times 10^{-5}$ cm/s，可以满足防渗标准，因此仅需对闸基及两岸基岩采用帷幕灌浆处理，闸基帷幕后尚需设排水。

为确保防渗效果，对闸基及上游一定范围内揭露的岩溶洞穴采用混凝土回填后；在闸上游临近区域渠底及渠道边坡灰岩出露带岩溶发育范围，采用混凝土铺盖封闭。

1. 防渗帷幕线路

由于闸址区域基岩透水性较强，勘探的浅层范围内未发现明显的相对隔水层，为防止发生岩溶渗漏、阻截 NWW 向的渗漏途径，减少绕闸渗漏量，确保建筑物的稳定，左、右岸防渗帷幕需适当向两岸延伸。两岸防渗帷幕线路表层黏土厚度较大，能满足防渗要求，主要对下部灰岩透水层进行灌浆处理。

在建筑物基础范围内，帷幕线路沿闸基灌浆廊道轴线布置，左右岸分别延伸至两岸上坝公路内侧，线路长度 305m。左岸山体段防渗帷幕主要是拦截顺汤山西侧及西北侧灰岩岩溶入渗区的来水，帷幕线路位于汤山东北坡脚，过枢纽工程左端点后沿闸轴线延伸 58m，然后改为向 NW 方向顺公路，至 ZK26 后改向北方向。帷幕轴线大致垂直于渗漏方向，帷幕线路长约 1220m。右岸山体段帷幕轴线布置总体思路与左岸相同，并尽量减少征地和拆迁，其防渗帷幕线路自右坝端沿上游渠坡延伸，端部折向山体，防渗帷幕端点将根据新的地质资料适当调整，线路长约 465m。枢纽工程帷幕防渗线路总长度约 1990m。

2. 帷幕防渗标准与底线

根据《混凝土重力坝设计规范》（SL 319—2005）的规定，帷幕防渗标准按灌后基岩透水率控制，具体规定如下：闸基为 5Lu，左、右两岸近闸地段为 5~10Lu，两岸远岸段为 10Lu。

由于本枢纽工程基岩地质条件复杂，通过钻孔揭露，基岩中断层、裂隙、溶隙、溶孔、溶洞等较发育，岩体透水性在空间上呈现出极大的不均匀性，在勘探范围内未发现明显的相对不透水层，岩体以强—中等透水性为主，透水率多在 10~100Lu 区间，局部区域为极强透水，透水率随高程变化的规律不明显。因此，河床及两岸的防渗帷幕局部区域采用"悬挂式"帷幕，大部分区域接相对隔水层。为减少闸基渗漏量，降低闸基扬压力，确保建筑物的安全，闸基帷幕深度为上游最大水头的 0.8~1.0 倍，两岸山体段帷幕尽可能与透水率 1~10Lu 区间衔接。各部位的帷幕底线如下：

（1）引水闸及电站厂房坝段：帷幕底线高程为 90m，帷幕深度 32~50m。

（2）左岸非溢流坝段：由于下部相对隔水层较深，帷幕底线高程为 80~90m，帷幕深度 60~70m，在局部透水率较大区域，根据地质资料适当加深帷幕。

（3）右岸非溢流坝段：帷幕底线高程自河床向右岸坝端逐渐抬升至高程 95m，帷幕深度 50~70m。

（4）左岸山体段：帷幕底线高程一般为 80~123m，帷幕深度 40~80m。

（5）右岸山体段：帷幕底线高程一般为 90~95m，帷幕深度 60~80m。

3. 帷幕灌浆设计

根据闸址区的工程地质条件和其他工程经验确定：枢纽工程范围内（帷幕轴线长度 305m）布置两排帷幕灌浆孔，排距 0.5~0.8m，孔距 2.5m；主排帷幕孔深入至防渗底线，副帷幕孔孔深按主帷幕孔孔深的 2/3~3/4 考虑。出闸后的两岸山体段暂布置一排帷幕灌浆孔，孔距 2.0m。

帷幕灌浆施工方法为小口径孔、孔口封闭、自上而下分段灌浆法。闸基帷幕在基础廊道内施工；两岸山体段直接在厚 10~40m 的黏土覆盖层上钻孔施工，对覆盖层钻孔需采用钢套管跟进，钻至岩土分界面，对分界面进行灌浆后，变为小口径孔，采用孔口封闭灌浆法。

6.7.3 地质缺陷处理

本工程地质条件上存在的问题除渗漏比较严重外，坝基及引水闸基础岩体中还存在数条断层。断层、裂隙较为发育，多为后期泥钙质所胶结。建筑物地基规模较大的破碎带有一条，位于右岸，垂直厚度近 7m，破碎带由角砾岩、压碎岩及后期火成岩侵入岩脉组成，角砾岩和压碎岩由方解石脉及泥钙质胶结，胶结较好，岩脉呈强风化状。对其他地段出露的断层，主要采用混凝土塞处理，混凝土塞深度一般为破碎带宽度的 1.5 倍。

6.7.4 小结

根据闸址区的工程地质和水文地质条件确定陶岔渠首闸基防渗方案为：闸基及两岸一定范围设置灌浆帷幕进行垂直防渗，表层黏土层不灌浆，仅对闸基及两岸基岩灌浆；针对厚覆盖层帷幕灌浆施工，采用小口径孔、孔口封闭、自上而下分段灌浆法，对覆盖层钻孔采用钢套管跟进，钻至岩土分界面，对分界面进行灌浆后，变为小口径孔，采用孔口封闭灌浆法。

第7章 总 结

本书提炼了水利水电工程岩溶风险评估的基本方法和风险分级标准,为岩溶风险定量评价和岩溶分级处理提供了可靠的依据;归纳总结了管道型、充填型、裂隙型等不同类型的岩溶处理技术和方法,实现了岩溶处理技术的集成创新;提出岩溶地区的防渗帷幕设计标准、设计方法、施工成套技术,研究了不同灌浆材料性能,为解决岩溶地区帷幕灌浆设计提供了全链条的解决思路和方法,完善了现有的防渗帷幕设计理论与灌浆施工技术;基于设计防渗标准、渗漏量、渗压、析出物等参数,建立了适合岩溶地区特点的帷幕质量综合评价体系模型,并对帷幕耐久性进行了分析研究。并得出如下结论:

(1)根据风险理论,提出水利水电工程岩溶风险评估的基本方法,初步建立了基于专家经验的线性隶属度函数,提出风险评估因子的确定方法、风险分级标准,为实现岩溶风险定量评价奠定了基础。岩溶风险分析的基本流程为:选定承灾体、致灾因子分析、承灾体易损性评价与破坏风险分析、灾情损失及风险评估、风险等级划分、提出减灾对策。

(2)对于管道型岩溶,可根据情况在管道的不同部位(进口、出口、中部)进行封堵,防止发生集中渗漏。对于有水的岩溶管道,可综合引排以降低其对邻近建筑物的安全影响,或利用其供水发电等。对于充填型岩溶,可根据充填物性状采取挖填置换、充填物改性灌浆或截渗等处理措施,风险较低且与水库连通性差的充填型岩溶,甚至可以不必处理。对于裂隙型岩溶,可通过灌浆或表面铺盖(混凝土、黏土、土工膜等)措施进行防渗处理。

(3)岩溶地区的防渗帷幕设计应根据工程特点确定合适的防渗标准,根据地层地质条件确定防渗帷幕线路端点和帷幕底线,根据帷幕承受的作用水头选择合适的帷幕排数、排距和灌浆孔间距等结构参数,并通过必要的渗流计算进行模拟验证。岩溶地区帷幕灌浆质量的影响因素除了地质条件,还包括灌浆段长、灌浆压力、钻孔冲洗、特殊情况处理等施工工艺。对于重要工程或地质条件复杂的工程,需要选择合适的场地开展现场灌浆试验或室内试验进行研究。岩溶地区帷幕灌浆所使用的材料除了水泥浆液(包括普通水泥和细水泥等)，还经常使用高分子化学材料以及水泥+化学浆液的复合灌浆材料，具体的灌浆方法、灌浆效果均需要结合工程具体的地质条件进行分析。

（4）针对传统帷幕灌浆效果评价方法的不足，本书从检查孔压水试验透水率、检查孔岩芯采取率和岩溶填充程度三个方面对岩溶地区帷幕灌浆效果进行综合评价，建立了基于模糊综合评价法的灌浆效果评价模型。以构皮滩水电站右岸高程 465m 灌浆平洞为例，对两种评价方法进行了对比分析，相比于传统评价方法，本书提出的灌浆效果评价模型评价结果更全面、科学。以丹江口水库为例，通过室内试验，分别对水泥结石和丙凝胶体的耐久性进行了详细的分析和研究。

（5）本书的研究成果成功应用于清江中游的水布垭水电站，乌江流域构皮滩水电站、彭水水电站、银盘水电站，黄柏河流域西北口水库，南水北调中线陶岔渠首枢纽工程及重庆莲花水库等不同工程，取得了良好的效果。

参 考 文 献

[1]钮新强，王犹扬，胡中平．乌江构皮滩水电站设计若干关键技术问题研究[J]．人民长江，2010，41(22)：1-4，36.

[2]杨启贵，张家发，熊泽斌，等．水布垭混凝土面板堆石坝的渗流控制体系[J]．水力发电学报，2010，29(3)：164-169.

[3]王汉辉，邹德兵，夏传星，等．水利水电工程中防渗帷幕布置原则与方法[J]．水利与建筑工程学报，2010，8(6)：117-120，130.

[4]黎志键，劳武，卢达．水库岩溶防渗堵漏技术研究与实践[J]．中国水利，2011(22)：35-37.

[5]韦恩斌，劳武．广西大龙潭水库防渗堵漏灌浆新技术应用[J]．水利水电技术，2009，40(7)：121-124.

[6]阴松，王中美，余波，等．乌江渡水电站坝基水质特征及帷幕性状评价[J]．水利水电技术，2017，48(3)：39-45.

[7]杨启贵，高大水，周晓明．某高面板坝及其岩溶坝基渗漏综合检测技术[J]．人民长江，2016，47(17)：64-67.

[8]柴建峰，朱时杰．贵州省洪家渡电站 K40 溶洞封堵处理方法分析[J]．地球与环境，2005 (33)：435-439.

[9]付兵．四川省武都水库坝基岩溶发育特征及其对工程影响研究[D]．成都：西南交通大学，2005.

[10]贾秀梅，刘满杰，等．万家寨水库右岸岩溶渗漏试验研究[J]．地球学报，2005，26(2)：179-182.

[11]刘加龙，徐年丰，向能武，等．构皮滩电站防渗帷幕线上典型岩溶及处理技术[J]．人民长江，2010，41(22)：44-46.

[12]胡中平，刘加龙．构皮滩水电站岩溶风险评估与分级处理[J]．人民长江，2012，43(2)：58-61.

[13]杨晓东，孙富斌，高双阳，等．岩溶地区坝基溶洞施工处理技术[J]．云南水力发

电，2014，30（S1）：25-26.

[14]李春贵，蒋廷军．强岩溶地区混凝土坝基基础处理施工技术［J］．人民长江，2016，47（11）：61-65，72.

[15]阴松．岩溶水库坝基环境水文地质特征及变化规律研究［D］．贵阳：贵州大学，2017.

[16]杨坤，张汉龙．某复杂岩溶地区的地基基础设计［J］．广东土木与建筑，2021，28（10）：49-53，57.

[17]黎华清，卢呈杰，韦吉益，等．孔间电磁波CT探测揭示水库坝基岩溶形态特征——以广西靖西大龙潭水库帷幕灌浆为例［J］．岩土力学，2008，29（S1）：607-610.

[18]邹德兵，徐年丰，施华堂，等．控制性复合灌浆技术试验研究与应用——以亭子口水利枢纽风化卸荷泡砂岩地层处理为例［J］．人民长江，2012，43（21）：55-59.

[19]陈姜，李秀龙，刘兴勇，等．岩溶地区坝基固结灌浆施工［J］．云南水力发电，2014，30（S1）：41-44，90.

[20]Chen Y F, Yuan J J, Wang G H, et al. Evaluation of groundwater flow through a high rockfill dam foundation in karst area in response to reservoir impoundment［J］. International Journal of Rock Mechanics and Mining Sciences, 2022, 160: 105268.

[21]黄静美．岩溶地区水库渗漏问题及坝基防渗措施研究［D］．成都：四川大学，2006.

[22]邹成杰，徐福兴，等．水利水电岩溶工程地质［M］．北京：水利电力出版社，1994.

[23]马德伟．水利水电技术［M］．北京：中国水利水电出版社，2003.

[24]付元初．水利水电工程施工手册［M］．北京：中国电力出版社，2002.

[25]Shen H Y, Xu Y X, Liang Y P, et al. Review: groundwater recharge estimation in northern China karst regions［J］. Carbonates and Evaporites, 2022, 38(1).

[26]李波，赵先进，周佳庆，等．西南岩溶区深埋隧洞水文地质概念模型及突涌水研究［J］．水利水电技术，2018，49（7）：71-80.

[27]邹德兵，熊泽斌，王汉辉，等．坝基防渗墙与土质心墙廊道式连接构造设计［J］．人民长江，2020，51（10）：128-132.

[28]王俊淞．注浆结合钢管桩在岩溶地区不良地基处理中的应用［J］．土工基础，2019，33（3）：246-249.

[29]张波，李大浪，刘献刚，等．岩溶地区复合地基工程特性与应用分析［J］．建筑技术开发，2017，44（20）：89-91.

[30]王丹丹. 岩溶地区的主要工程地质问题及处理措施分析[J]. 中国金属通报，2017（8）：92-93.

[31]肖志平. 岩溶地区地基处理及桩基施工技术探析[J]. 低碳世界，2017（14）：84-85.

[32]周峰，屈伟，陈杰. 岩溶地区端承桩复合桩基的工程实践[J]. 地下空间与工程学报，2016，12（2）：489-495.

[33]黄崇福. 自然灾害风险分析的信息矩阵方法[J]. 自然灾害学报，2006（1）：1-10.

[34]黄崇福. 综合风险评估的一个基本模式[J]. 应用基础与工程科学学报，2008（3）：371-381.

[35] Maskrey A. Disaster mitigation：A community based approach［D］. Oxford：Oxfam，1989.

[36] Smith K. Environmental hazards：Assessing risk and reducing disaster［M］. London：Routledge，1996：1-389.

[37] Deyle R E, French S P, Olshansky R B, et al. Hazard assessment：the factual basis for planning and mitigation［C］//Burby R J. Cooperating with Nature：Confronting Natural Hazards with Land-Use Planning for Sustainable Communities. Washington D. C.：Joseph Henry Press，1998：119-166.

[38] Hurst N W. Risk Assessment：the Human Dimension［M］. Cambridge：The Royal Society of Chemistry，1998.

[39] Tobin G, Montz B E. Natural Hazards：Explanation and Integration［M］. New York：The Guilford Press，1997.

[40]刘希林. 区域泥石流危险度评价研究进展[J]. 中国地质灾害与防治学报，2002（4）：3-11.

[41]刘希林，莫多闻. 泥石流易损度评价[J]. 地理研究，2002（5）：569-577.

[42]刘希林，莫多闻. 泥石流风险及沟谷泥石流风险度评价[J]. 工程地质学报，2002（3）：266-273.

[43]任鲁川. 灾害损失定量评估的模糊综合评判方法[J]. 灾害学，1996（4）：5-10.

[44]任鲁川. 自然灾害综合区划的基本类别及定量方法[J]. 自然灾害学报，1999（4）：41-48.

[45]李兵. 坝基岩溶管道型涌水注浆封堵工程技术研究[J]. 水利科技与经济，2021，27（3）：95-98.

[46]王健华，李术才，李利平，等. 隧道岩溶管道型突涌水动态演化特征及涌水量综合预测[J]. 岩土工程学报，2018，40（10）：1880-1888.

[47]谭信荣，樊浩博，宋玉香，等．管道型岩溶隧道衬砌结构受力特征试验研究[J]．地下空间与工程学报，2021，17(6)：1847-1856.
[48]范开平．彭水水电站地下厂房大型复杂岩溶处理技术[J]．人民长江，2011，42(23)：58-61.
[49]贾群龙，邢立亭，于苗，等．裂隙岩溶介质渗透性变异规律的尺度效应[J]．干旱区资源与环境，2022，36(12)：127-134.
[50]刘自强，马洪生，牟云娟．节理裂隙发育岩溶地基数值模拟稳定性分析[J]．中国岩溶，2022，41(1)：100-110.
[51]孙正华，王强，况渊．马岭水利枢纽工程地下厂房岩溶防渗处理[J]．西北水电，2022(3)：66-69.
[52]李清波，闫长斌．岩体渗透结构类型的划分及其渗透特性研究[J]．工程地质学报，2009，17(4)：503-507.
[53]丁坚平，王中美，毛健全，等．岩溶地下水渗漏污染研究[J]．贵州工业大学学报(自然科学版)，2003(4)：98-102.
[54]熊飞，刘新荣，冉乔，等．采动-裂隙水耦合下含深大裂隙岩溶山体失稳破坏机理[J]．煤炭学报，2021，46(11)：3445-3458.
[55]黄震，曾伟，李晓昭，等．岩溶区地下工程裂隙渗流突水数值模拟研究[J]．应用基础与工程科学学报，2021，29(2)：412-425.
[56]高阳，邱振忠，于青春．层流-紊流共存流场中岩溶裂隙网络演化过程的数值模拟方法[J]．中国岩溶，2019，38(6)：831-838.
[57]刘锐，李思宇，张新华．岩溶地区防渗帷幕采用不封闭及间断式布置探讨[J]．西南民族大学学报(自然科学版)，2016，42(5)：582-586.
[58]杨忠兴．岩溶地区复杂地质条件下的堵漏防渗施工技术[J]．四川水力发电，2013，32(2)：20-25.
[59]邹成杰．国内外岩溶地区水库坝址防渗帷幕设计中工程地质问题的综述与分析[J]．水利水电技术，1987(1)：31-39，57.
[60]杨齐．岩溶地区不良地质条件下防渗帷幕灌浆施工技术[J]．工程技术研究，2021，6(4)：122-123，236.
[61]高祖纯．岩溶地区高压帷幕灌浆试验研究[D]．成都：四川大学，2003.
[62]王永德，智埭．隔河岩水电站帷幕高压水泥灌浆[J]．水力发电，1994(3)：36-38.
[63]徐瑞春，柳景华．水布垭工程岩溶研究与帷幕优化[J]．人民长江，2005(12)：26-30，54.
[64]马新，陈宝义，刘三虎．乌江渡水电站岩溶地区高压灌浆施工特殊情况的处

理[J].探矿工程(岩土钻掘工程),2005(1):13-15,17.

[65]张俊阳.岩溶地区防渗帷幕膏状浆液灌注施工技术[J].水电与新能源,2013(4):18-20.

[66]牛宏伟.马家岩水库大坝高压帷幕灌浆试验研究[J].人民黄河,2008,30(8):92-93.

[67]王生勋.新集水库帷幕灌浆试验结果分析[J].甘肃水利水电技术,2016,52(10):58-62,65.

[68]王连喜,梁龙群,王健.糯扎渡水电站大坝基础帷幕灌浆生产性试验施工[J].水利水电技术,2009,40(6):46-48.

[69]秦志国,熊高明.嘉陵江亭子口水电站帷幕灌浆试验研究[J].施工技术,2013,42(11):52-56.

[70]张贵金,李小梅,雷鹏,等.灌浆防渗帷幕施工质量与耐久性评价综述[J].水利水电技术,2014,45(8):86-91,97.

[71]赵云,张来飞.砂砾岩地层帷幕灌浆效果评价[J].云南水力发电,2018,34(2):149-151.

[72]郝忠友,李传贵.应用物探技术检测帷幕灌浆效果[J].吉林水利,2003(2):11-15.

[73]Roman W M, Hockenberry A N, Berezniak J N. Evaluation of Grouting for Hydraulic Barriers in Rock [J]. Environmental & Engineering Geoscience, 2013, 19 (4): 363-375.

[74]孙钊.大坝基岩灌浆[M].北京:中国水利水电出版社,2004.

[75]曹丽娟,过杰,陈科巨,等.岩溶地区水库不同防渗处理方案对比分析[J].水利规划与设计,2017(10):162-164.

[76]向新志.七星水库地下岩溶防渗技术与监测系统研究[D].北京:清华大学,2019.

[77]刘三虎,许厚材,乔润国.乌江渡水电站扩机工程地下厂房防渗帷幕灌浆[J].水力发电,2004(1):40-42.

[78]徐年丰,施华堂,王汉辉,等.钻孔内埋式任意球径向灌浆抬动变形观测方法:201410252011.9[P].2017-01-25.

[79]邹德兵,徐年丰,李洪斌,等.银盘水电站现场灌浆试验技术创新[J].人民长江,2009,40(23):68-70,103.

[80]张洁,赵坚.层次分析法在帷幕灌浆效果评价中的应用[J].水电能源科学,2009,27(3):124-126,146.

[81]刘宗显，余佳，吴斌平，等．基于 LWOA 和 MKSVM 算法的帷幕灌浆施工质量模糊综合动态评价研究[J]．水利水电技术，2020，51(6)：72-83.

[82]仝棠薇．基于模糊层次分析法的智慧仓储系统综合评价研究[J]．福建质量管理，2020(13)：294.

[83]冯博，周皓，徐阳，等．矿区农地重金属污染风险评价——基于改进的模糊综合评价法[J]．有色金属工程，2022，12(2)：138-145.

[84]李冬阳，王德超，赵德金，等．基于熵权模糊综合评价法的加工中心可靠性分析[J]．机床与液压，2021，49(22)：199-205.

[85]王静，董肖丽．模糊评价中最大隶属度原则的改进[J]．河北水利，2011(2)：27-28.

[86]夏峻峰，岳雪波，张绍奎，等．大坝帷幕灌浆第三方质量检查及效果评价[J]．人民长江，2013，44(6)：89-92.

[87]郭铁柱，谢宝瑜，魏红．海子水库岩溶渗漏分析及帷幕灌浆防渗效果评价[J]．水利水电技术，2009，40(4)：73-75.

[88]张自信．压水试验在帷幕灌浆初期防渗效果评价中的运用[J]．工程技术研究，2020，5(16)：120-121.

[89]朱芳芳，王士同，李志华．基于加权支持向量机的网络入侵检测研究[J]．计算机工程与设计，2007，28(22)：5374-5377.

[90]徐迎军，尹世久，陈默，等．互反判断矩阵一致性指标研究[J]．运筹与管理，2020，29(3)：117-124.

[91]杨静，邱菀华．模糊互补判断矩阵一致性检验和改进方法[J]．系统管理学报，2010(1)：14-18.

[92]洪志国，李焱，范植华，等．层次分析法中高阶平均随机一致性指标(RI)的计算[J]．计算机工程与应用，2002，38(12)：45-47，150.

[93]韦振中．各种标度系统的随机一致性指标[J]．广西师范学院学报(自然科学版)，2002，19(2)：26-29，36.

[94]吕跃进．指数标度判断矩阵的一致性检验方法[J]．统计与决策，2006(18)：31-32.

[95]钮新强，胡中平，曹去修，等．构皮滩与乌东德电站拱坝关键技术研究与实践[J]．人民长江，2012，43(17)：5-9.

[96]冉隆田，陈残云，杨安勇．重庆乌江彭水水电站大坝岩溶地基处理[J]．人民长江，2013，44(6)：37-39，49.